Arturo Serrano Santoyo

Mayer Rainiero Cabrera Flores

Evelio Martínez Martínez

Julio Alberto Garibay Ruiz

DIGITALIZACIÓN
Y CONVERGENCIA
GLOBAL

© Editorial CONVER-GENTE
www.conver-gente.com
Ensenada, Baja California, México.

Digitalización y Convergencia Global
© D.R. 2010. Serrano Santoyo, Arturo; Cabrera Flores, Mayer
 Martínez Martínez, Evelio; Garibay Ruiz, Julio

Primera Edición, 2010
136 páginas, 15.24 x 22.86 cm.
ISBN   1449901050
EAN-13 9781449901059

www.convergenciaglobal.org

Diseño de Portada: Mara Aglae Chequer Badillo.
Edición: Kiyoko Nishikawa Aceves.

AGRADECIMIENTOS

Agradecemos la entusiasta participación del Dr. Javier Mendieta Jiménez en la redacción del prólogo de esta obra, al Dr. Roberto Conte Galván por su apoyo e ideas constructivas respecto al alcance y contenido del libro y a la Maestra Kiyoko Nishikawa Aceves por su excelente labor de edición.

Prólogo

Los sistemas vivientes (desde las bacterias hasta las sociedades avanzadas) se sostienen procesando materia, energía e información: se procuran materiales de su entorno, usan energía para transformarlos (y descartar los residuos) y, para el control adecuado, usan la *información* a modo de observar la situación del sistema y transmitir instrucciones para alcanzar el estado deseado.

En 2009 celebramos los 200 años del nacimiento de Darwin y los 150 años de su obra monumental. La tecnología es una prolongación de la evolución darwiniana que, a través de herramientas, permite eficientizar cada vez más el procesamiento de la materia y la energía. A través de los medios de almacenamiento y comunicación de la información, la tecnología permite el control cada vez más completo y preciso de todos los procesos.

Así, hemos experimentado la revolución del paleolítico hace un millón de años, que trajo consigo las primeras estructuras sociales jerárquicas; la revolución agrícola hace diez mil años, con las primeras ciudades y sistemas políticos y legales; y la revolución industrial en el siglo XIX, con la que surgió la necesidad del aprendizaje y el entrenamiento técnico, el conocimiento y la valorización de la investigación científica en el proceso de innovación.

La revolución agrícola incrementó dramáticamente la productividad por hectárea, propiciando, asimismo, una nueva era del comercio. La revolución industrial incrementó enormemente la potencia mecánica en manos del trabajador y produjo una aceleración económica sin precedentes. En el siglo XX la cantidad de información acumulada por la humanidad creció explosivamente, lo que implicó nuevas técnicas para su manejo y propició la digitalización y la revolución informática, las cuales acarrearon mejoras impresionantes en el manejo de la información, al reducir el tiempo (y el costo) de acceso a la misma. Con ello, se delineó la *sociedad de la información*.

Esta revolución de la información se asienta en el vertiginoso avance tecnológico en electrónica, telecomunicaciones, computación y la convergencia de estas tecnologías de la información y la comunicación (TIC) en una red global de información, que se conduce ahora hacia la *sociedad del conocimiento*. En el siglo XXI, en esta sociedad, individuos, empresas, corporaciones pequeñas y grandes, no sólo son receptores, sino que también generan su propia información, lo que ha producido — similarmente a lo sucedido en las revoluciones anteriores– un desarrollo económico extraordinario, debido al incremento en productividad y gracias a las comunicaciones rápidas y los procesos automatizados; lo cual se ha materializado en la reducción sistemática del costo de las transacciones basadas en información.

En búsqueda de contextualizar esta acelerada evolución, así como las fantásticas oportunidades que su aprovechamiento significa para la empresa, los autores de este libro nos guían por un recorrido a través del escenario mundial de la nueva "economía de lo inmaterial", basada en el conocimiento, en sus vertientes tecnológica, socio-económica y regulatoria, y explicándonos cómo se estimulan los procesos de innovación con un enfoque integrador de esos tres ejes.

Los autores exponen primero cómo diversos campos del quehacer humano experimentan una convergencia: la sociedad de la información ve converger tecnologías, converger empresas y converger servicios; lo que provee beneficios únicos como combinación de capacidades tecnológicas, entendimiento del mercado y enfoque a los servicios a la sociedad; donde la regulación (o la desregulación) debe impulsar un entorno competitivo, que fomente el acceso a servicios de cada vez mayor diversidad, capacidad y calidad, a costo accesible, y que estimule la innovación, todo ello en vista de la actual disparidad en el acceso a la información por una parte importante de la sociedad: la brecha digital.

Así, nos entusiasman con los sorprendentes trabajos y desarrollos que han conducido a la revolución de la información: la electrónica integrada, el microprocesador, la computadora personal, la programación y, por otro lado, la comunicación alámbrica e inalámbrica; la expansión de las transmisiones por fibras ópticas; las redes y la convergencia actual hacia el Internet, que ha proveído a la humanidad de un medio de acceso a la información rápido, confiable y de relativamente bajo costo, y cómo actualmente se replantea su arquitectura con la tendencia a un sistema global de cómputo y almacenamiento, que muy pronto proveerá información como un *commodity*.

Este cambio de paradigma, afirman los autores, no sólo fomenta, sino que demanda cambios en estrategias y estructuras de la empresa, dependiendo cada vez más de las bases de conocimiento, para proveer servicios más eficientes y de mayor calidad, con la continua retroalimentación de clientes y proveedores, en un esquema de intercambio de información espontáneo y de monitoreo permanente. Todo ello, en un escenario de innovación constante en productos y servicios de cara al entorno tan dinámico que experimenta la sociedad del conocimiento, y de las cada vez más importantes condiciones impuestas por una política global de desarrollo sustentable.

Los autores concluyen este recorrido con el papel de la regulación y la normatividad en la convergencia digital, como un contrato entre gobierno, empresa y sociedad. Su propósito es promover un entorno favorable que, por un lado contribuya a aumentar la cobertura de la población con acceso a la red de información con calidad, costo satisfactorio, seguridad, etcétera, y por otra, estimular la innovación en productos y servicios, para contribuir así a incrementar la competitividad del país, tanto de las empresas del sector de las TIC, así como del número creciente de compañías que emplean cada vez más sistemas de información en sus procesos y transacciones.

Numerosos aspectos deben considerarse en la regulación en un mercado con una diversidad de actores: los autores enfatizan su papel en el contexto de la reducción de la brecha digital, donde nuestros países en desarrollo deben seguir avanzando no sólo a través de la normatividad en el sector, sino también con políticas públicas que promuevan el acceso de banda ancha a la población, al mismo tiempo que fomenten un ambiente favorable para la formación y consolidación de empresas del sector.

Tal como los caminos conectaron a los comerciantes en la revolución agrícola y los ferrocarriles unieron productores y consumidores en la revolución industrial, el Internet ha evolucionado en la supercarretera de la información. La red global conecta a la gente con la información, organizándola para hacerla accesible y útil, y evolucionando hacia una red semántica inteligente que delinea ya a la sociedad global. En nuestros países en desarrollo, esto requiere, a su vez, de un fuerte impulso a la investigación y el desarrollo en este campo, así como a la formación escolar y profesional; puesto que, como en todas las revoluciones anteriores, se requieren trabajadores cada vez más especializados y formados. Pero, actualmente somos testigos de que en algunos países de Asia, sociedades agrarias transitan directamente hacia la sociedad de la información (sin la industrialización); modelos de los que podemos tomar elementos importantes para nuestras políticas de desarrollo en la *sociedad de la información*, no sólo como acciones estratégicas, sino como acciones de adaptación y supervivencia (darwiniana) en el entorno actual y futuro de la globalización.

Francisco Javier Mendieta Jiménez.

Ensenada, Baja California, 2010.

Tabla de contenido

Introducción

Las tecnologías de la información y las comunicaciones (TIC), a lo largo de su historia, han sido un instrumento fundamental que ha facilitado y fortalecido el desarrollo de las sociedades. Su constante evolución ha impactado de tal forma nuestras vidas, que ahora nos resulta difícil concebir un mundo sin televisión, sin teléfono celular o sin las aplicaciones que nos brinda el Internet. Vivimos en una sociedad que sufre los efectos de una *digitalización* que penetra en todos los sectores de la población.

Hoy en día, al adentrarnos en la denominada "Era de la Información", observamos que el desarrollo de las TIC y la manera que la sociedad las ha adoptado, representan factores que contribuyen al bienestar socioeconómico de los países, por su extraordinaria influencia en todos los ámbitos del quehacer humano.

Desafortunadamente, el crecimiento acelerado de las TIC no ha sido homogéneo entre los países desarrollados y subdesarrollados, particularmente en el acceso a Internet a través del llamado *servicio de banda ancha*. Sin embargo, la explosiva penetración de las comunicaciones inalámbricas, en la última década, en países de África, Asia y Latinoamérica, ha generado oportunidades de acceso al potencial de las TIC para el desarrollo sustentable, que anteriormente no estaban disponibles. Esta condición de digitalización de la sociedad ha sido el resultado de un proceso evolutivo y *convergente* entre las telecomunicaciones y las tecnologías de la información (TI), en particular entre el Internet y las comunicaciones inalámbricas.

Resulta clave, por lo tanto, concientizar a todos los sectores de la sociedad, acerca del papel que desempeña la tecnología dentro del desarrollo social, y de su gran potencial como vehículo para lograr mayores niveles de sustentabilidad. Es importante también, fortalecer las políticas públicas que apoyen el acceso universal a los servicios de telecomunicaciones para lograr que los países y las regiones alcancen un desarrollo integral. De aquí que los aspectos de regulación y adopción tecnológica son fundamentales para desarrollar el gran potencial de las TIC como facilitadoras del bienestar social.

Por otro lado, el crecimiento que hoy en día experimentan las TIC, se apoya en una red de múltiples actores que interactúan entre sí y que, definitivamente, contribuyen a formar un entorno de naturaleza compleja y dinámica. Esto convierte a las TIC en un campo multidisciplinario e interdisciplinario con grandes retos; pero, a su vez, de grandes capacidades en beneficio del desarrollo integral de las regiones.

Dentro de este escenario altamente complejo aparecen tres entes de gran relevancia que, mediante su interacción y relación con la sociedad civil contribuyen al avance, la penetración y adopción de las TIC en un país: academia, gobierno e industria. La operación integrada y el funcionamiento armónico entre los tres entes definen los llamados sistemas nacionales y regionales de innovación (ver Figura 1).

Figura 1. Componentes del sistema nacional de innovación

De aquí que las TIC y su aplicación al desarrollo sustentable se relacionan directamente con los procesos de innovación de las naciones, los cuales, a su vez, logran impactar en la calidad de vida de su población.

La evolución de las TIC se ha dado en forma vertiginosa. En ella se distinguen cuatro grandes fuerzas interrelacionadas, que contribuyen a darle forma y estructura. Éstas son:

- Avances científicos y tecnológicos.
- Regulación y normatividad de las TIC.
- Adopción tecnológica y cultura digital.
- Economía y finanzas (mercado).

Los *avances tecnológicos*, sin duda, representan un instrumento que ha moldeado las TIC, dotándolas de amplias capacidades para servir a la sociedad. Por otra parte, los esfuerzos incesantes en investigación científica y en desarrollo tecnológico e industrial han propiciado la aparición de nuevos productos, procesos y servicios que, hasta hace algunos años, no estaban al alcance de la población. Por tanto, las TIC han tenido un efecto habilitador para el avance de todas las disciplinas científicas y tecnológicas.

La *regulación* y *la normatividad* impulsan el desarrollo de las TIC, a través de la generación de políticas públicas que articulan y coordinan la interacción entre los principales entes (academia, gobierno e industria) involucrados en la productividad y competitividad de un país, con el fin de lograr un desarrollo socioeconómico sano y justo.

Actualmente, la *adopción tecnológica* representa un moldeador importante de la industria de las TIC. Las exigencias y necesidades de los usuarios crecen día a día, con lo cual logran capturar la atención de los sectores tecnológico e industrial. Es decir, la sociedad ahora es quien dicta las tendencias del desarrollo tecnológico, para que con base en ello las TIC evolucionen y la sociedad las adopte adecuadamente. A su vez, con esto se fomenta la llamada *cultura digital*.

El *mercado* y sus *condiciones económicas y financieras*, dominadas por la oferta y la demanda en productos y servicios, constituyen el crisol donde la interacción de las cuatro fuerzas mencionadas se lleva a cabo, y donde el consumidor se ha convertido en su centro de gravedad.

Igualmente, en un mundo interconectado, en el cual las fronteras y distancias geográficas se han reducido, y donde buena parte de las transacciones económicas se llevan a cabo por medios electrónicos (Internet), las condiciones políticas y socioeconómicas del mundo afectan a las regiones y sus economías. Esta situación geopolítica posiciona a la mayoría de las industrias, incluyendo la de las TIC, frente al riesgo latente de sufrir efectos que contribuyan a su crecimiento o su estancamiento (Friedman, 2005; Ohmae, 2005).

Además de la participación de las cuatro fuerzas anteriormente descritas, y de la influencia del entorno geopolítico, se pueden distinguir también otros procesos detonadores que han jugado un papel clave en la aplicación, definición e implantación de las TIC en servicio a la sociedad. Dos procesos son de particular importancia: la *globalización* y la generación de una *cultura de innovación* enfocada al desarrollo sustentable y humano. Ambos procesos en conjunto y en sincronía con la *digitalización* de la sociedad, impulsada por las cuatro fuerzas descritas, proporcionan y dan pauta a la conformación de un escenario de *convergencia global* (ver Figura 2).

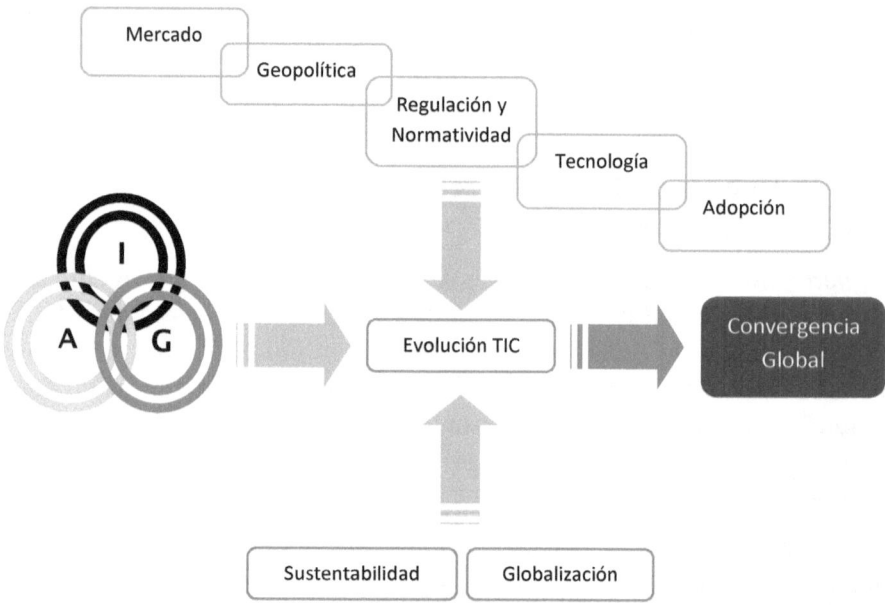

Figura 2. Modeladores del fenómeno de *convergencia global*

La Real Academia Española (2000) define el concepto de *convergencia,* en sus múltiples acepciones, como: la acción de dirigir dos o más líneas para unirse en un punto; o la acción de concurrir al mismo fin los dictámenes, opiniones o ideas de dos o más personas.

14

En el contexto de las matemáticas, *convergencia* significa aproximarse a un límite. De igual forma en el diccionario en línea www.wordreference.com (s.f.) se afirma que el fenómeno de convergencia puede interpretarse como la unión de dos o más cosas que confluyen en un mismo punto, o bien, la confluencia de varias ideas o tendencias sociales, económicas o culturales.

Por último, una definición más actual, obtenida de www.wikipedia.org (s.f.), dice que la convergencia es la acción de *dirigir algo hacia un mismo punto*. Dicha acción puede referirse más específicamente a una propiedad matemática, un fenómeno evolutivo, un aspecto meteorológico, entre otros. De ahí que el fenómeno de convergencia global no sólo es de naturaleza tecnológica, sino que tiene un carácter multidisciplinario.

Para el caso específico de las TIC a este fenómeno se le conoce como *convergencia digital*. Ésta se da en equipos, sistemas y servicios, y emerge de la interacción de tres disciplinas, las cuales en su origen tuvieron un desarrollo independiente: Las TI (procesamiento de información), las telecomunicaciones (transporte de información) y los medios de comunicación y entretenimiento (contenidos). La interacción de estas disciplinas tomó forma por los avances de la microelectrónica (a partir del descubrimiento del transistor, en 1947) y del Internet, como resultado de los esfuerzos de interconectar e integrar redes de computadoras, en la década de los 60 (ver Figura 3).

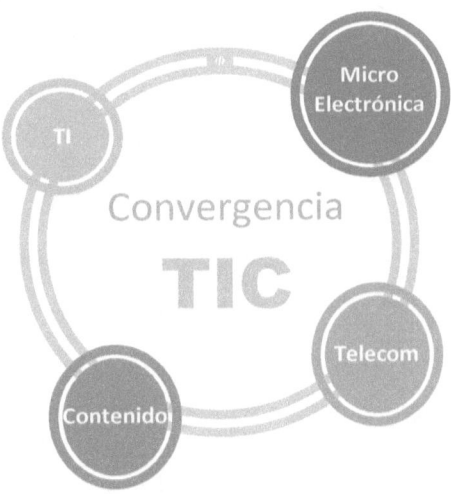

Figura 3. Disciplinas promotoras de la convergencia digital

La aparición y penetración del Internet, y el desarrollo de la *Web* condujeron la convergencia digital a una condición en la cual las telecomunicaciones son altamente dependientes de las TI; a su vez, éstas dependen del transporte de información eficiente que proveen los sistemas de telecomunicaciones y, por su parte, los medios de comunicación y entretenimiento requieren de las herramientas y sistemas de telecomunicaciones e informática actuales. En este escenario, el protocolo (lenguaje y reglas de comunicación) de Internet, llamado IP (Internet Protocol) se convierte en *lingua franca* o elemento unificador de tecnologías, productos y servicios (ver Figura 4).

Es tan importante el efecto unificador del protocolo IP, que es posible aseverar que los avances actuales en informática, en telecomunicaciones y en la producción de contenidos digitales los dicta la velocidad, eficiencia y ubicuidad con que se accede a Internet. Por ello, la movilidad y la capacidad del canal de acceso a Internet, o el ancho de banda, se convierten en motores de la convergencia digital.

Nota: todos los logotipos y símbolos que aparecen en esta figura son marca registrada de los fabricantes.

Figura 4. IP como elemento unificador de tecnologías

Por esta razón, los proveedores de equipos, sistemas y servicios libran una batalla a gran escala, para tener acceso directo al consumidor o usuario final. Éste ahora es el centro de gravedad y de atención, por lo que se busca proveerlo de un acceso a Internet rápido, eficiente, y en cualquier lugar y condición.

En la evolución de la convergencia digital, el consumidor es el pivote que genera nuevos mercados y la adopción tecnológica. Debido a ello, la regulación y normatividad de las TIC se convierten en elementos clave y habilitadores para lograr una convergencia que beneficie a todos los actores involucrados.

Uno de los atributos más relevantes del fenómeno de convergencia digital es propiciar y estimular el trabajo colaborativo. A su vez, la creación de un entorno colaborativo requiere de las oportunidades que brinda la convergencia digital: dinámica equilibrada y acceso equitativo a la sociedad. Este entorno colaborativo estimula una cultura de innovación, en la cual el trabajo multidisciplinario en red es el *modus operandi* de una economía competitiva en el escenario global

Así, la adopción de la convergencia digital resulta altamente benéfica para el desarrollo de un país, ya que se genera un impacto favorable en el sector de las TIC y en la población en general; Sin embargo, este beneficio es el reflejo de la operación armónica de las cuatro fuerzas descritas anteriormente.

Actualmente en muchas naciones del mundo, las condiciones económicas y de acceso a la tecnología y a la información de sus habitantes no son equitativas. Además, las exigencias de la sociedad en materia de aplicación y adopción de las TIC van en aumento. Esta situación posiciona al sector de las TIC en un escenario de retos y en constante innovación, donde el desarrollo de productos y el de servicios tienden a unificarse para proveer soluciones integrales y de menor costo a los consumidores.

La presente obra tiene como objetivo principal explicar las implicaciones de la convergencia, con un énfasis en el caso particular de la *convergencia digital*. Para ello, se ha considerado iniciar desde su conceptualización, para luego describir su evolución y sus características principales; así como argumentar su importancia en el desarrollo sustentable de la población. A su vez, el libro presenta una descripción de los factores y las condiciones que intervienen en el desarrollo de la convergencia digital, los cuales pueden impulsar o inhibir su apropiada implantación y adopción.

Referencias

Friedman, T. (2005). *The world is flat: A brief history of the twenty-first century.* Nueva York: Farrar, Straus, and Giroux.

Ohmae, K. (2006). *El próximo escenario global: desafíos y oportunidades en un mundo sin fronteras.* México: Grupo Editorial Norma.

Real Academia Española. (2000). Convergencia. En *Diccionario de la lengua española.* Madrid: Espasa.

www.wikipedia.org (s.f.). Convergencia. Recuperado el 24 de noviembre de 2008 de: http://es.wikipedia.org/wiki/Convergencia

www.wordreference.com. (s.f.). Convergencia. Recuperado el 24 de noviembre de 2008 de:
http://www.wordreference.com/definicion/Convergencia

Capítulo 1

Un escenario global, digital y basado en conocimiento

Durante los últimos 50 años, autores como Peter Drucker, Daniel Bell, Kenichi Ohmae, Thomas Friedman y Manuel Castells, entre otros, han advertido, a través de sus visionarios estudios, la llegada de una nueva era. Una era cuyo poder transformador ha revolucionado la realidad de la sociedad mundial, y cuya complejidad alcanza tales niveles que se reflejan hasta en las diversas maneras de denominarla. Respecto a esto, Burch (2005, s.p.) reflexiona:

> ¿Vivimos en una época de cambios, o un cambio de época? ¿Cómo caracterizar las profundas transformaciones (...) y las nuevas tecnologías de la información y la comunicación (TIC)? ¿Se trata de una nueva etapa de la sociedad industrial, o estamos entrando en una nueva era? "Aldea global", "era tecnotrónica", "sociedad postindustrial", "era" o "sociedad de la información" y "sociedad del conocimiento" son algunos de los términos que se han acuñado en el intento por identificar y entender el alcance de estos cambios. Pero mientras el debate prosigue en el ámbito teórico, la realidad corre por delante y los medios de comunicación eligen los nombres que hemos de usar.

La antigua era industrial, surgida entre los años 1780-1840, le da la bienvenida a una nueva economía caracterizada por escenarios globales, medios digitales, entornos colaborativos; pero, sobre todo, por la continua búsqueda de conocimiento e innovación.

Ha surgido una nueva sociedad que comercializa, educa, gobierna e interactúa de manera ubicua, es decir, sin restricciones de tiempo y lugar. En ella, las barreras geopolíticas y sociales, que antes impedían la interacción y comunicación universal, quedan a merced de un *click*. Esto es prueba inequívoca de que la sociedad actual es testigo de una nueva realidad. Pero ¿En qué consiste esta nueva realidad? ¿Qué es la nueva economía? ¿Cómo funciona? Para responder algunas de estas preguntas, Manuel Castells (2000) afirma:

> Para empezar, la nueva economía es la nuestra, es en la que estamos ya. No es el futuro, no es California, no es América,... es la nueva economía que se desarrolla de forma desigual y de forma contradictoria, pero que se desarrolla en todas las áreas del mundo (párr. 3).

La nueva economía, según Castells (2000), es aquella que ha comenzado a utilizar la información y el conocimiento como ejes del desarrollo económico global. Este término –*global*– es otro elemento clave de la nueva economía, y sobre el cual, el mismo autor, añade:

> Global no quiere decir que todo esté globalizado, sino que las actividades económicas dominantes están articuladas globalmente y funcionan como una unidad en tiempo real. Y, fundamentalmente, funcionan en torno a dos sistemas de globalización económica: la globalización de los mercados financieros interconectados, en todas partes, por medios electrónicos y, por otro lado, la organización a nivel planetario de la producción de bienes y servicios y de la gestión de estos bienes y servicios (Una economía global, párr. 1).

Si bien, no queda duda de que el consentimiento representa el eje de la economía actual, tampoco debe dudarse que su estructura corresponde a una morfología de red, la cual se articula principalmente en tres niveles: intra-organizacional, inter-organizacional e inter-redes (Castells, 2000).

De esta manera, puede resumirse que la nueva economía enlaza tres elementos clave: globalización, trabajo en red y conocimiento; todos ellos habilitados y vinculados mediante una estructura tecnológica, comúnmente conocida como las *tecnologías de la información y las comunicaciones* (TIC).

Una economía de alcance global

Hoy en día se habla, a favor o en contra, acerca del fenómeno de la globalización. Las opiniones respecto al tema proliferan, sin embargo, independientemente de la perspectiva que se tenga sobre dicho fenómeno, su origen data de varios siglos atrás. Por ejemplo, Friedman (2005) considera que con la llegada de Colón en 1492 al continente americano, se inició el *aplanamiento* de nuestro mundo. Dicho de otra manera, el poder de las barreras y distancias geográficas, a través de la búsqueda de conocimiento y del uso de nuevas tecnologías, comenzó a perder fuerza.

Este mismo autor afirma que la humanidad ha vivido el proceso de globalización en tres etapas:

La primera de ellas inició con el *descubrimiento de América*, lo que dio lugar, posteriormente, a una competencia feroz entre los países del viejo continente en busca de colonizar nuevos territorios.

La segunda etapa o *globalización 2.0*, como Friedman (2005) la denomina, comenzó con la invención de la máquina de vapor, durante los primeros años del siglo XIX, y se prolongó hasta finales del siglo XX, cuando de manera vertiginosa, una serie de *aplanadores*, con base tecnológica y de conocimiento, empezaron a abrir el camino a la última etapa.

La tercera etapa o *globalización 3.0* empezó a integrarse, como parte de la vida cotidiana de la humanidad, con elementos como el Internet, la computadora personal, el sistema operativo Windows, el movimiento de software libre, el comercio electrónico, la externalización de servicios (*outsourcing*), las alianzas estratégicas, la responsabilidad social empresarial; al igual que la movilidad, ubicuidad y universalidad de la información.

Así como la globalización 2.0 se caracteriza por la presencia de procesos de producción mecanizados, y por el surgimiento de nuevas fuentes de energía como la electricidad y el petróleo, en la *globalización 3.0* destaca la unidad geográfica conocida como Estado-Región. Según Ohmae (2006), las características transnacionales del actual proceso de producción, que frecuentemente inicia en un país y culmina en otro, no permiten hablar de un producto interno bruto (PIB) estrictamente nacional y, por ende, de la existencia absoluta de un Estado-Nación.

Además de la nueva economía global, Ohmae (2006) incorpora el factor de *invisibilidad* en las transacciones comerciales que hoy en día se llevan a cabo a través de medios electrónicos (TIC), y que han dado origen a una nueva disciplina: el comercio electrónico. Esta disciplina, con el apoyo de los modelos emergentes de negocios denominados B2B (*business to business*), B2C (*business to consumer*) y C2C (*consumer to consumer*), ha logrado innovar en el intercambio comercial de la sociedad.

Si bien lo anterior describe someramente el escenario en el que se desenvuelve la economía actual, también es conveniente describir su estructura y modo de operación.

Una economía que trabaja en red

Cuando se habla o se piensa sobre el término *red,* generalmente es difícil disociarlo de su acepción tecnológica. Quizá lo que justifica dicha asociación es el estrecho vínculo que, durante los últimos 15 años, la humanidad ha venido cultivando con uno de sus más poderosos medios de comunicación, el Internet.

El Internet, como se sabe, es un conjunto de redes de información conectadas entre sí, o visto de una manera más sencilla, es una red de redes. Esta red, aunada a la de telefonía convencional y móvil, ha permitido a la denominada *sociedad del conocimiento* adoptar una estructura de interacción cuya morfología se basa en la conjunción de elementos –personas, dispositivos, empresas, sectores, etcétera– que persiguen un mismo fin. Dicha interacción es posible a través de alianzas y trabajo colaborativo.

El uso de todo tipo de redes –sociales, informáticas, empresariales, etcétera– representa un recurso más para las organizaciones del nuevo milenio. La flexibilidad y adaptación ante las exigencias de los clientes, permiten que las organizaciones satisfagan sus demandas con base en la colaboración temporal entre empresas; con lo cual las sociedades se disuelven en el momento que los clientes queden satisfechos. Esta efectividad ha detonado, en el nuevo entorno, la proliferación de redes sociales de todo tipo, y un paradigma que se ve claramente en la descentralización que han sufrido las grandes corporaciones en los últimos años. A su vez, dicha descentralización ha propiciado la conformación de pequeñas empresas o áreas de trabajo internas, que gozan de un alto nivel de autonomía y colaboración, y que comparten, conocimiento, responsabilidades y tareas, en tiempo real (Castells, 1998).

El *outsourcing*, las alianzas estratégicas y la colaboración entre sectores son distintas formas de trabajo en red, caracterizadas por un dinamismo extraordinario y por la conjunción de esfuerzos en torno a un proyecto. Un excelente ejemplo de este tipo de estructuras es la denominada *triple hélice*, en la cual los sectores gubernamental, académico e industrial se articulan y dan origen a los llamados *sistemas regionales de innovación*.

La efectividad que el trabajo en red ha significado para una gran cantidad de organizaciones como: IBM, CEMEX, ZARA, Apple, entre otras, ha sido el resultado de un proceso adecuado de articulación y coordinación de nodos (Ruelas-Gossi y Sull, 2006) el cual se sustenta en los principios éticos de innovación, interdisciplinariedad, eficiencia y, sobre todo, de comunicación. De lo contrario, el poder de este tipo de estructuras pudiera convertirse en un inhibidor del desarrollo.

Hasta aquí se ha hablado del funcionamiento en red con aplicaciones de tipo económico; sin embargo, esta morfología día a día cobra mayor fuerza en el ámbito tecno-social. De ahí que, desde comienzos de esta década, se haya hecho presente un fenómeno denominado *redes sociales en Internet*.

Las redes sociales en Internet son básicamente formas de interacción social, que permiten un intercambio dinámico entre personas, grupos e instituciones en diferentes contextos. En el contexto de Internet, estas redes se forjaron a principios del siglo XXI. Su vertiginosa popularidad entre diversas comunidades atrajo la atención y los intereses de grandes corporativos, como Google, Yahoo, Microsoft, entre otros.

La operación de un modelo de negocios con base en redes sociales consiste en el ingreso continuo de usuarios, mediante invitaciones hechas por conocidos y amigos, a través de plataformas tecnológicas. De esta manera el crecimiento de las redes se expande a la par de la diversidad y pluralidad de sus miembros.

Dentro de las redes sociales en Internet existen diversos esquemas, por ejemplo, sitios cuyo mercado y funciones son considerados de alta segmentación o significativamente especializados; tal es el caso de *Linkedin*, el cual es un sitio orientado a negocios en donde interactúan profesionistas de todo el mundo. De igual forma, existen sitios de tipo general, cuyo propósito suele ser el mero encuentro social; entre ellos destacan los casos de *Hi5*, *Myspace* y *Facebook*. Es conveniente destacar que ambos esquemas han comenzado a percibir la importancia de la movilidad, por lo que cada vez desarrollan más aplicaciones móviles que permitan elevar el nivel de ubicuidad de la interacción social.

En general, el éxito de las redes sociales en Internet radica en el poder de expresión y afinidad que éstas ofrecen a sus usuarios. Sin embargo, a pesar de su irrefutable popularidad, es importante no caer en la sobrevaloración de los esquemas de interacción social que promueven, ya que, en ocasiones sus contenidos distan de ser una aportación valiosa al desarrollo integral de las sociedades.

De una u otra forma, resulta evidente que la manera de trabajar, aprender, socializar e innovar en el mundo, está cambiando. El trabajo aislado e individualista está dando paso a los entornos colaborativos e interdisciplinarios, donde el conocimiento y las responsabilidades son compartidas dentro de una colectividad conectada en red.

Por otro lado, existen transformaciones que, tanto en el sector científico como en el social, están dando lugar a un nuevo modo de producción del conocimiento, denominado por Gibbons *et al.* (1994) como *conocimiento socialmente distribuido*. En él, la identificación de problemas y la investigación dedicada a la solución de éstos se lleva a cabo mediante la interacción compleja de especialistas, usuarios y actores varios; organizados en redes de colaboración. Este nuevo modo de producción de conocimiento abre oportunidades para una mayor participación ciudadana en la definición de políticas públicas que responden al interés de la gente, y contrarresta tendencias *tecnicistas* y excluyentes enfocadas en la superespecialización y la fragmentación del conocimiento (Lévy, 2004).

Una economía intangible, basada en conocimiento

El conocimiento alimentado por la creatividad, el ingenio y el trabajo colaborativo empieza a reemplazar al núcleo tangible de la antigua economía, con un núcleo intangible dotado de innovación y conocimiento. Ambos elementos se ven materializados en los productos, los procesos y las organizaciones del nuevo milenio (Schultz, 2006; David y Foray, 2002).

La naturaleza intangible de la economía actual está determinada principalmente por dos factores. Por un lado, como señala Ohmae (2006), esta economía se efectúa a través de medios electrónicos; por lo tanto, los procesos de transacción adquieren un carácter intangible. Por otro lado la economía, al operar en torno a la producción, transferencia y aplicación de conocimiento, termina por consolidar su intangibilidad.

Si bien es cierto que a lo largo de la historia el conocimiento ha jugado un papel protagónico en el quehacer humano, al otorgar poder y capacidad de decisión a quienes lo poseen, también es cierto que su intervención nunca antes había sido tan influyente. La democratización de la información, fomentada por las nuevas tecnologías, intensificó dicha influencia, convirtiendo al conocimiento en un *commodity* insustituible.[1]

Por otra parte, las TIC también han fungido como catalizadoras de la internacionalización de la actividad económica. A consecuencia de ello, ahora las empresas y naciones alrededor del mundo luchan por obtener un mejor posicionamiento dentro de los mercados internacionales. Esta lucha, a diferencia de siglos pasados, no se libra con espadas o fusiles, sino a través de mejorar la competitividad, elemento vital del desarrollo.

Es importante enfatizar que la *competitividad* y el *desarrollo* son conceptos estrechamente ligados, mas no equivalentes. Al concepto de competitividad generalmente se le asocia una perspectiva comercial, por ejemplo, Pampillón e Izquierdo (como se cita en Asensio, 2005, s.p.) afirman que:

> La competitividad (...) se define como la capacidad para ganar participación en los mercados interiores y exteriores de forma sostenida (...) que lleve a un aumento de la renta real de su población (...) suele implicar un crecimiento estable y sostenido, ya sea como consecuencia de una mejora en la productividad de sus factores o de un aumento en la dotación o utilización de los mismos.

El desarrollo, por su parte, implica además de un crecimiento económico sostenido, un aumento en los niveles de bienestar social y un equilibrio en la distribución del mismo (Piedras, 2007).

En el contexto anterior es elemental que las naciones y sus empresas eleven su competitividad al máximo, con el fin de lograr un desarrollo sustentable que se traduzca en una mejor calidad de vida de la sociedad. Es en este escenario donde la innovación y la gestión del conocimiento adquieren su importancia, y hacen su aparición como motores naturales del desarrollo.

---

[1] Un *commodity*, en inglés se refiere a un bien o servicio para el que existe demanda, pero que es provisto sin gran aportación de valor por el mercado. Se trata de un producto o servicio que es el mismo, no importa quién lo provea, como el petróleo, papel, leche o la electricidad. Se dice que se produce una *commoditization* cuando unos bienes o servicios pierden diferenciación entre su base de proveedores, en ocasiones por la estandarización y difusión del capital intelectual necesario para adquirirlo o producirlo de forma eficiente. De esta manera, productos o servicios que en un momento han podido suponer una ventaja competitiva y que por lo tanto eran altamente rentables por sus altos márgenes, se han convertido en *commodities* perdiendo su diferenciación (Wikipedia, s.f.).

Es importante recordar que el conocimiento por sí solo y sin ser aplicado, carece de todo valor. Su verdadero potencial radica en la capacidad que los individuos, las organizaciones y los países poseen para transformarlo en productos y servicios, que posteriormente se traducen en activos económicos, rentabilidad y bienestar social. A este proceso de transformación se le conoce como *gestión del conocimiento*.

La gestión del conocimiento, según Pedraja, Rodríguez y Rodríguez (2006), es un proceso que consta de tres etapas básicas:

- Creación de conocimiento. Ésta puede generarse por la exploración individual o la interacción con el resto de los individuos de una organización.
- Transferencia de conocimiento. Consiste en compartir el conocimiento creado, con otros integrantes de la organización. En esta fase interviene el factor de la colaboración, lo que da, al proceso de gestión del conocimiento, un matiz altamente social.
- Aplicación de conocimiento. Como se mencionó anteriormente, si el conocimiento no se aplica, su valor se desvanece; por lo tanto, dicho valor deberá transformarse en productos, servicios, procesos e inclusive organizaciones.

Por último, un elemento clave en la gestión del conocimiento son los procesos de propiedad intelectual, los cuales transforman las ideas en activos económicos. La propiedad intelectual, según la define la Organización Mundial de la Propiedad Intelectual (OMPI), "son los derechos legales resultantes de la actividad intelectual en los campos industriales, científicos, literarios y artísticos" (Schultz, 2006, s.p.). Es decir, es la manera de proteger legalmente los activos intangibles de un individuo o una organización; entendiéndose por *activos intangibles* todos aquellos activos valiosos normalmente no registrados en el estado financiero de las empresas, y que generalmente se derivan de la actividad de investigación y desarrollo de la misma.

Algunos ejemplos de los activos intangibles son: el valor de la marca, las invenciones y los derechos de autor sobre obras literarias. Estos activos pueden ser negociables, franquiciables, licenciables y hasta heredables; sin embargo, su validez, se encuentra limitada en tiempo y territorio.

En lo referente a la competitividad internacional, los derechos de la propiedad intelectual ofrecen una ventaja importante, ya que otorgan certidumbre y credibilidad a los países que cuentan con un sistema suficientemente robusto, como para atraer inversión extranjera y local. Sin embargo, es importante, en un entorno donde el conocimiento es sinónimo de poder, mantener un equilibrio entre la protección de los intereses y derechos de los creadores, y los derechos de la sociedad sobre la disposición del producto creado de manera colectiva y para beneficio social (Jalife-Daher y Luna, 2006).

Precisamente, tras la búsqueda de este equilibrio, que intenta evitar la aglomeración de poder y las restricciones al acceso universal del conocimiento, surge un movimiento denominado *cultura libre*, el cual se fundamenta en la siguiente filosofía:

> Venimos de una tradición (…) no necesariamente "gratuita" (…), sino "libre" en el sentido de "libertad de expresión", "mercado libre", "libre comercio", "libre empresa", "libre albedrío" y elecciones "libres". Una cultura libre apoya y protege a creadores e innovadores (…) concediendo derechos de propiedad intelectual. Pero lo hace también indirectamente limitando el alcance de estos derechos, para garantizar que los creadores e innovadores que vengan más tarde sean tan libres como sea posible del control del pasado (Lessig, 2004).

Como se puede apreciar, de una u otra forma la propiedad intelectual desempeña un papel muy importante en los procesos de innovación. Ello se debe a que ofrece una alternativa más para materializar el valor intangible del conocimiento. Además genera un ambiente de confiabilidad, que incentiva a los innovadores e inversionistas del nuevo milenio, a desarrollar nuevos productos e ideas.

Finalmente, aparece la innovación como elemento acelerador de la nueva economía que, bajo su definición conceptual, logra englobar los atributos que caracterizan el nuevo escenario.

La innovación es en esencia un proceso creativo, colaborativo e interdisciplinario. Mediante la aplicación de nuevo conocimiento, derivado de la convergencia entre las actividades científica, tecnológica, artística, organizativa, financiera y comercial, busca el mejoramiento de productos, servicios, procesos, organizaciones, regiones y países. Su objetivo es fomentar el desarrollo sostenido y elevar los niveles socioeconómicos de la sociedad (Jalife-Daher y Luna, 2006).

Por tanto, "la innovación es una decisión de carácter estratégico" (Jalife-Daher y Luna, 2006, p. 7), cuyos principales beneficiarios son los distintos segmentos de la sociedad. El segmento industrial/empresarial encuentra su beneficio a través de la diversificación de su mercado o del incremento de su participación dentro del mismo, así como en la obtención de una mayor eficiencia y rentabilidad. Por su parte, el sector académico se apoya en la innovación para seguir generando nuevos y mejores conocimientos. Y en cuanto a los consumidores, éstos se benefician de la innovación por la adquisición de nuevos y mejores productos y servicios, a un menor precio; lo que resulta en un incremento en sus niveles de calidad de vida (Chan y Mauborgne, 2005).

Por otra parte, la innovación también puede percibirse como un fenómeno social, motivado por la competencia maximizada de las empresas, y por las necesidades básicas y de consumo de la sociedad.

El proceso de innovación requiere del esfuerzo colectivo y bien dirigido de todos sus actores. Bajo esta premisa, alrededor del mundo, las regiones comienzan a articular sus sectores académico, industrial y gubernamental, bajo la figura denominada *sistema regional de innovación*, de la cual su vórtice es el desarrollo sustentable de la sociedad.

El modelo elemental del proceso de innovación o de *destrucción creativa*, como lo llama la teoría *schumpeteriana* formulada en 1942 (Ruelas-Gossi y Sull, 2006), puede dividirse, según argumenta Durazo (2004), en cuatro fases principales:

1) Fomento a la innovación. Despertar el interés por innovar, fase sumamente importante. La innovación son los cambios no forzados de un sistema; es decir, son las transformaciones que surgen desde adentro, por propia iniciativa, y que destruyen la vieja estructura.

2) Invención. Es la generación de nuevas ideas y nuevo conocimiento.

3) Transferencia. Es la transformación del nuevo conocimiento en productos, procesos o servicios.

4) Adopción. Es materializar la innovación a través de sus usos y resultados.

En cada una de estas etapas participa una multitud de actores de diferentes ámbitos, los cuales requieren de la concurrencia del resto de ellos, para completar el proceso.

Evidentemente, dicho proceso es sistémico, integral y continuo. Además, requiere de grandes esfuerzos, ya que hay factores que son inhibidores potenciales de la innovación, como la falta de infraestructura, la inmadurez de los sistemas de negocios, la falta de capital humano, la carencia de espíritu emprendedor, el exceso de regulación, la pobre protección a la propiedad intelectual, la carencia de una cultura basada en colaboración, la aversión al riesgo y al fracaso, entre otros.

Queda claro entonces, que la innovación aunada a la gestión del conocimiento, son motores que dinamizan la economía. Ésta se desenvuelve en un escenario global, y utiliza el trabajo colaborativo y la adopción de las TIC como medios para mejorar la competitividad y el desarrollo integral de la sociedad mundial.

Las TIC y el nuevo escenario mundial

Hoy en día las TIC representan un factor determinante en el desarrollo socioeconómico de los países. Su extraordinaria influencia penetra en todos los ámbitos del quehacer humano, lo que las convierte en un factor crucial para el progreso socioeconómico y cultural de la humanidad. Su papel como habilitadoras de la globalización, gestión del conocimiento y organización en red, ha determinado la estructura colaborativa, innovadora y sin fronteras, que caracteriza a esta nueva era.

Debido a lo anterior, cada vez es más frecuente escuchar el término TIC como parte de los discursos de autoridades académicas, gubernamentales y empresariales. Pareciera que el solo hecho de utilizarlo, con cierto grado de naturalidad, garantizara la permanencia vanguardista de quien lo emplea.

Sin embargo, a pesar de la popularidad del término, pocas veces se reflexiona sobre lo que engloba. Su definición, origen, estructura e impacto, son algunos de los aspectos que se deben conocer, ya que contribuyen a mejorar el entendimiento de este amplio concepto.

Como lo define la Comisión de las Comunidades Europeas (s.f.):

> Las tecnologías de la información y de las comunicaciones (TIC) son un término que se utiliza actualmente para hacer referencia a una amplia gama de servicios, aplicaciones, y tecnologías, que utilizan diversos tipos de equipos y de programas informáticos, y que a menudo se transmiten a través de las redes de telecomunicaciones (p. 3).

De esta manera, las TIC surgen como consecuencia de la interacción entre dos grandes disciplinas. Por un lado las telecomunicaciones o tecnologías de la comunicación, constituidas por las redes de comunicación como el Internet, la redes satelitales, la radio, la televisión, la telefonía móvil, la telefonía convencional, entre otras. Y por otro, las tecnologías de la información (TI) o informática, consistentes en tecnologías que generan, almacenan, manipulan y despliegan información y contenido; tales como: las bases de datos, los sistemas operativos, el software de aplicación, el Web, entre otros (ver Figura 5).

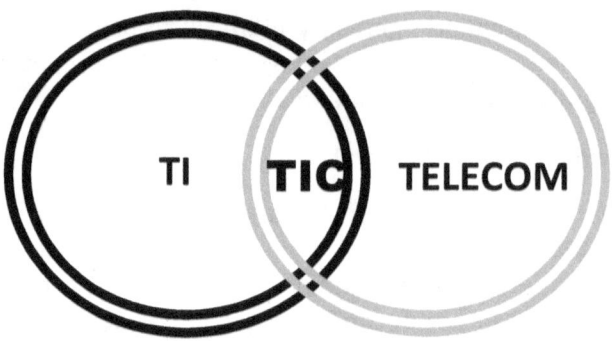

Figura 5. Origen de las TIC

La gran cantidad de tecnologías, dispositivos, aplicaciones y servicios que integran el vasto universo de las TIC, ha permitido que éstas influyan enormemente en todos las áreas del conocimiento, transformando, a su vez, la manera en la que los seres humanos se conducen dentro de la sociedad (Serrano y Martínez, 2008).

A pesar de la influencia que ejercen las TIC en la vida cotidiana de las personas, y de lo impresionante que resultan sus avances, la importancia de éstas no radica en la tecnología en sí, sino en su eficiente adopción y en el abanico de oportunidades que ofrecen en beneficio del desarrollo integral de la sociedad (Comisión de Comunidades Europeas, s.f.).

Por la naturaleza integradora e interdisciplinaria que las TIC poseen, Cuéllar (2007) afirma que éstas pueden estudiarse "desde un punto de vista estrictamente científico, partiendo de la física y la electrónica, también desde la perspectiva política, educativa, artística y cultural, y desde el punto de vista de la economía y su rentabilidad" (p. 97).

Melrose (2007) señala que el estudio de este sector puede articularse en tres vertientes: tecnológica, económica y regulatoria. Por su parte, autores como Manuel Castells (2001), suelen sumar a estas tres vertientes, una perspectiva sociocultural, que trata de analizar las aplicaciones y el impacto que éstas tienen sobre la sociedad y su enriquecimiento cultural.

De esta forma, se puede concluir que el desarrollo de las TIC evoluciona en dos dimensiones: *tecnológica* y *regulatoria*. A su vez, incide en dos entornos: *económico* y *sociocultural*. Así pues, el estudio de estas cuatro variables constituye una buena oportunidad para entender mejor el *rol* de las TIC en el nuevo escenario y sus continuas transformaciones. Debido a ello, a continuación se presenta una breve descripción de las TIC, partiendo sólo de las perspectivas tecnológica y regulatoria. Más adelante se tocará el tema de su impacto económico y sociocultural.

1) Dimensión tecnológica

Indudablemente las transformaciones que día a día sufre el escenario mundial han sido impulsadas por la llegada de nuevas tecnologías que, de manera permanente, buscan mejorar la forma de interactuar de la sociedad. Dichas tecnologías han emergido acompañadas por una serie de eventos desencadenados a partir del nacimiento del telégrafo en el siglo XIX.

La llegada del telégrafo marcó el inicio de una nueva era para las comunicaciones. Su impacto fue tal, que hoy en día es equiparable al fenómeno producido por Internet. Derivado de ello, y aunado a las similitudes que estos dos fenómenos poseen entre sí, algunos autores lo denominan "el Internet Victoriano"; ya que en su momento, el telégrafo también ofrecía la oportunidad de crear un mercado internacional, a través de la eliminación de las distancias geográficas. Además se suscitaban algunos fenómenos sociales, que en la actualidad son muy comunes, por ejemplo, las relaciones sentimentales a distancia o la existencia de *hackers* (Melrose, 2007).

Durante el último cuarto del siglo XIX y principios del siglo XX, desarrollos como la teoría electromagnética, el teléfono, el fonógrafo y la telegrafía inalámbrica continuaron modificando la manera de intercomunicar al mundo. Personajes como Maxwell, Faraday, Morse, Bell, Edison, Hertz, Marconi, entre otros, sentaron las bases de lo que hoy es el eje de la llamada sociedad del conocimiento: las TIC.

A partir del siglo pasado y hasta la fecha, la investigación ha expandido su enfoque hacia otros desarrollos, como: los medios audiovisuales (TV), la miniaturización (circuitos integrados), el procesamiento de información (computadoras digitales), las redes (Internet), los medios de transmisión (inalámbricos y confinados), las interfaces (Web), la integración tecnológica (convergencia), etcétera.

Cada uno de estos desarrollos ha contribuido a modelar el entorno socioeconómico mundial; sin embargo, esto no hubiese sido posible sin la intervención continua de disciplinas como la física, la electrónica, la microelectrónica y la física de materiales. Todas ellas son responsables de la creación de elementos como el transistor, el cual posteriormente permitiría la miniaturización de los componentes electrónicos que actualmente se encuentran nativos en computadoras, celulares, televisores, cámaras, reproductores de audio, y todos los dispositivos que hoy gobiernan la actividad humana.

Otro gran aporte tecnológico, resultado de la interacción entre la computación y las telecomunicaciones, es el proceso de digitalización. Este proceso consiste en transformar cualquier tipo de señal en una serie de datos (bits), representados por 1 y 0 (encendido y apagado).

La tecnología digital permite homogeneizar todo tipo de información –voz, datos o video–, en términos de transmisión, procesamiento, recepción, despliegue, almacenamiento y copiado. De esta forma se optimiza el uso del espectro radioeléctrico, se mantiene la integridad y calidad de la información, y se incrementa la versatilidad del procesamiento. Así, la digitalización se ha convertido en un gran transformador del entorno social, cultural, político y económico

En el proceso de digitalización se distinguen tres fases predominantes: la *digitalización de contenidos*, *redes* y *dispositivos*. Aunada a ellas, aparece una cuarta, la cual ha progresado gradualmente: la digitalización del usuario, que si bien es la más reciente, no es la menos importante. Por el contrario, de ella depende el aprovechamiento de las oportunidades que brinda la evolución tecnológica (Enter, 2006). Este proceso de digitalización, conocido también como *adopción tecnológica*, ha permitido elevar el potencial de las TIC, y las ha proyectado como eje de la nueva economía.

El advenimiento del Internet es otro de los sucesos tecnológicos de mayor trascendencia en el desarrollo socioeconómico del planeta. Este medio ha logrado dinamizar la economía y toda la actividad humana, a través de la generación y distribución vertiginosa de información alrededor del globo.

Internet nace a finales de los años sesenta del siglo XX, como resultado de la interacción entre los programas de investigación militar y los programas de investigación universitaria. Sin embargo, a pesar de que su financiamiento tuvo un origen militar, su aplicación sólo se dirigió a fines de investigación y desarrollo tecnológico (Castells, 2001).

De esta forma, en 1969 se creó la primera red de computadoras (ARPANET), la cual conectaba a cuatro centros de investigación estadounidenses (los cuatro primeros *hosts*). Este proyecto fue financiado por la agencia Advanced Research Project Agency (ARPA) del Departamento de Defensa de Estados Unidos, la cual buscaba promover la compartición de recursos de cómputo entre investigadores.

Actualmente, y desde una perspectiva técnica, Internet se puede definir como: un sistema global de interconexión de redes de computadoras, el cual permite que éstas se comuniquen entre sí, transfiriendo datos en forma de paquetes, bajo una serie de condiciones definidas por el protocolo de Internet (IP) (Enter, 2006; Serrano y Martínez, 2008).

Por su parte el protocolo IP es pieza esencial de un conjunto de servicios conocidos como protocolo TCP/IP (Transfer Control Protocol/Internet Protocol), que permite la interconexión de equipos de cómputo con diferentes arquitecturas, así como la ejecución de la mayoría de las aplicaciones que hoy se conocen: correo electrónico, world wide Web (www), transferencia de archivos, voz y video, etcétera (Serrano y Martínez, 2008).

Aun cuando los orígenes de Internet se remontan a la parte final de la década de los años setenta, éste comenzó a detonar su verdadero potencial hasta la década de los noventa, cuando Tim Berners-Lee, científico de Oxford, desarrollo un proyecto mundial de hipertexto, el *www*. Con esto logró transformar el principal uso del Internet, pasando de un simple intercambio de mensajes de texto, al desarrollo de las actuales páginas Web y las aplicaciones multimedia (Melrose, 2007).

Sin embargo, en la actualidad Internet representa más que sólo un conjunto de recursos tecnológicos. Es un medio de comunicación, educación, entretenimiento, administración, comercio y organización social.

Internet no es una tecnología, Internet es una forma de organización de la actividad. El equivalente de Internet en la era industrial es la fábrica [.....] La nueva economía no es las empresas que hacen Internet, no son las empresas electrónicas, son las empresas que funcionan con y a través de Internet (Castells, 2000 s.p.).

Dos de las razones principales que han hecho de Internet un fenómeno transformador son su dinamismo y su capacidad innovadora. Ambos son atributos propiciados por tres factores:

a) Retroalimentación. Generalmente, los desarrolladores de la tecnología de Internet también desempeñan el rol de usuarios, lo que permite mantener una actualización constante que logra satisfacer las necesidades de los mismos.

b) Autogestión informal. La flexibilidad que ofrece Internet ha impedido que el gobierno intervenga de manera significativa, propiciando así, una mayor libertad en el uso de esta tecnología, sobre todo, en lo referente al ámbito de la comunicación y libertad de expresión.

c) Código abierto. La mayoría de las plataformas y tecnologías que constituyen el fenómeno, Internet, son de código abierto. Esto fomenta una actitud innovadora y colaborativa entre los creadores, con lo que hacen de Internet un instrumento de comunicación libre. TCP/IP, Linux y Apache son algunos de los protocolos, plataformas y sistemas computacionales de código abierto, sobre los cuales actúa Internet.

Internet aunado a sus diferentes protocolos –IP, HTML, XML, XSL, entre otros–, se perfila como la arquitectura del presente y del futuro, de las nuevas redes multimedia, las transacciones financieras, y el intercambio cultural a distancia (Shepard, 2002). No hay duda alguna, tal como menciona Castells (2001), que Internet es el tejido de la actividad humana contemporánea. Es un medio de interacción. Es un medio para todo.

Definitivamente, la nueva economía tiene una base tecnológica que son las TIC, y una forma central de organización cada vez mayor que es Internet (Castells, 2000). El trabajo en torno a ellas está determinando el progreso de una sociedad, maravillada por una amplia gama de aplicaciones que parecen evocar las palabras de Arthur C. Clarke:

"Any sufficiently advanced technology is indistinguishable from magic"[2] (como se cita en Shepard, 2002, p. 13).

2) Dimensión regulatoria

Al igual que el aspecto tecnológico, el regulatorio desempeña un papel muy importante en la búsqueda del desarrollo armónico del sector TIC. Sin embargo, esta función no es una tarea fácil de lograr.

La sinergia de industrias como las telecomunicaciones, las TI y los contenidos, han fundado un sector complejo y de naturaleza heterogénea. Éste exige la formulación de un marco regulatorio, lo suficientemente robusto para cubrir las necesidades de las tres industrias; pero, a su vez tan dinámico, que le permita encarar la celeridad de los continuos progresos tecnológicos (Enter, 2006). Aunado a ello, las exigencias de la sociedad en materia de propiedad intelectual, adopción tecnológica, acceso a nuevos servicios, integridad de contenidos y protección a la información, van en aumento (Tinoco, 2007).

Con base en este escenario, la relevancia de la función regulatoria se fundamenta en el hecho de que las TIC tienen el potencial de convertirse en una herramienta clave para lograr un incremento de la calidad de vida de las sociedades. Su contribución incide en la interacción social, la eficiencia organizacional, la generación de riqueza y el desarrollo cultural de las personas (Orozco, 2007). Para ello, es necesario que el sector TIC se desarrolle y fortalezca continuamente, con el fin de que las oportunidades y beneficios que ofrecen, penetren en todas las esferas sociales del mundo:

> Mientras que el uso de los medios de comunicación sirva para poner en contacto a dos seres humanos, o su explotación pueda llevar a la expresión pública y social de las ideas, y ambos aspectos trasciendan a los intereses generales de la sociedad, o (...) al orden público, resultará vital la existencia de una norma obligatoria que delimite la manera en que la comunicación habrá de darse (Cuéllar, 2007, p.98).

De esta forma, la regulación emerge como el árbitro de un escenario complejo y dinámico, en donde los actores –productores, operadores, proveedores y consumidores– se disputan el derecho de satisfacer sus propias necesidades. Así mismo, la regulación es un instrumento que, a través de la disposición de leyes, reglamentos y normas, y del

---

[2] Se traduce como: "Cualquier tecnología suficientemente avanzada es indistinguible de la magia".

otorgamiento de licencias y concesiones, busca responder a las exigencias de un entorno ávido de equidad, desarrollo y bienestar social (Flores y García, 2007a).

Al respecto, Cuéllar (2007) no define la función de la regulación de las TIC, pero sí la del derecho de las telecomunicaciones. Ésta se inserta como parte del marco regulatorio de las TIC, y sus objetivos se alinean entre sí. En este sentido, afirma que:

> En las telecomunicaciones, el derecho es un instrumento de control sobre la forma en que se explota la industria por parte de quien está facultado para ello; sin embargo, también es un instrumento de salvaguarda de los derechos de quien lleva a cabo la actividad comunicativa o de quien se beneficia de ella (párr. 2).

A su vez, Intven, Oliver y Sepúlveda (2000) afirman que, si bien cada región tiene sus propios mecanismos de regulación, en general los objetivos que la regulación persigue son los mismos a nivel mundial. Este conjunto de objetivos se puede observar en la Tabla 1.

Tabla 1. Objetivos de reglamentación de telecomunicaciones (Banco Mundial, como se cita en Intvent, Oliver y Sepúlveda, 2000, p. 1-2)

Objetivos de reglamentación generalmente aceptados
▪ Promover el acceso universal a los servicios básicos de telecomunicaciones
▪ Fomentar mercados abiertos a la competencia para promover:
→ Una prestación eficaz de los servicios de telecomunicaciones.
→ Una calidad adecuada del servicio.
→ Servicios modernos.
→ Precios crecientes.
▪ Allí donde los mercados competitivos no existan o fracasen, prevenir los abusos al poder de mercado, por ejemplo, la fijación de precios excesivos y las conductas anticompetitivas por parte de las empresas dominantes.
▪ Crear un clima favorable a la inversión con el fin de ampliar las redes de telecomunicaciones.
▪ Promover la confianza del público en los mercados de telecomunicaciones, instaurando procedimientos transparentes de reglamentación y de concesión de licencias.
▪ Proteger los derechos de los consumidores, incluido el derecho a la privacidad.
▪ Promover la creciente conectividad de las telecomunicaciones para todos los usuarios, mediante acuerdos de interconexión eficaces.
▪ Optimizar la utilización de recursos escasos, como el espectro radioeléctrico, los números y los derechos de vía.

Sin embargo, industrias como la de contenidos y la de TI agregan complejidad al marco regulatorio, ya que involucran aspectos como la transparencia y el acceso a la información; así como los derechos a la libertad de expresión, la difusión cultural, la protección de la propiedad intelectual, entre otros.

Definitivamente, la regulación es un medio para propiciar la armonía y equidad entre los participantes del escenario TIC. No obstante, si el marco regulatorio carece de eficiencia y actualidad, éste terminará por inhibir el surgimiento de nuevas tecnologías, nuevos esquemas de negocio y, en general, la capacidad de innovación y desarrollo de las regiones (Enter, 2006; Olachea, 2007).

Referencias

Asensio, M. (2005). Competitividad económica, gobierno y competitividad fiscal. Una aproximación. *Actualidad económica*, *15*(1). Consultado el 14 marzo de 2008, de: http://www.eco.unc.edu.ar/ief/publicaciones/actualidad/2005_n57/5.asensio_compe titividad.pdf

Burch, S. (2005). Sociedad de la información/Sociedad del conocimiento. En A. Ambrosi, V. Peugeot y D. Pimienta (Coords.), *Palabras en juego*. Caen, Francia: C & F Éditions. Recuperado el 15 de mayo de 2008, de: http://www.vecam.org/article518.html

Castells, M. (1998). Globalización, tecnología, trabajo, empleo y empresa. *La factoría*, *7*. Consultado el 7 de mayo de 2008, de: http://www.lafactoriaweb.com/default-2.htm

Castells, M. (2000). La ciudad de la nueva economía. *La factoría*, *12*. Consultado el 7 de mayo de 2008, de http://www.revistalafactoria.eu/articulo.php?id=153

Castells, M. (2001). Internet y la sociedad red. *La factoría*, *14-15*. Consultado el 24 de junio de 2008, de: http://www.lafactoriaweb.com/default-2.htm

Chan, W. y Mauborgne, R. (2005). Blue ocean strategy: How to create uncontested market space and make competition irrelevant. Cambridge, MA: Harvard Business School Press.

Comisión de las Comunidades Europeas (2001). Tecnologías de la información y de la comunicación en el ámbito del desarrollo. El papel de las TIC en la política comunitaria de desarrollo. *Comunicación de la Comisión al Consejo y al Parlamento Europeo*. Bruselas, 2001.

Cuéllar, A. (2007). Marco constitucional de las telecomunicaciones. En F. González, G. Soria y J. Tejado (Comps), *La regulación de las telecomunicaciones* (pp. 97-116). México: Porrúa.

David, P. y Foray, D. (2002). *Economic Fundamentals of the Knowledge Society*. Consultado el 24 de mayo de 2008 en el sitio Web de Standford University, Economics Departments: http://www-econ.stanford.edu/faculty/workp/swp02003.pdf

Durazo, E. (2004). Sistemas regionales de información: el caso de Baja California. Tesis de maestría, El Colegio de la Frontera Norte, Tijuana, Baja California, México.

Enter (2006). *Convergencia digital en España*. Consultado el 12 de febrero en 2008, de: http://www.enter.es/enter/mybox/cms//1375

Flores, G. y García, R. (2007a). Política global de apertura. En F. González, G. Soria y J. Tejado (Comps), *La regulación de las telecomunicaciones* (pp. 57-67). México: Porrúa.

Flores, G. y García, R. (2007b). Prospectiva. En F. González, G. Soria y J. Tejado (Comps), *La regulación de las telecomunicaciones* (pp. 69-79). México: Porrúa.

Friedman, T. (2005). *The world is flat: A brief history of the twenty-first century*. Nueva York: Farrar, Straus, and Giroux.

Gibbons M., Limoges, C., Nowotny, H., Schwartzman, S., Scott, P. y Trow, M. (1994). *The new production of knowledge: The dynamics of science and research in contemporary societies*: Londres: Sage.

Intvent, H., Oliver, J y Sepúlveda, E. (2000). *Manual de reglamentación de las telecomunicaciones*. Washington, DC: Banco Mundial.

Jalife-Daher, M. y Luna, K. (2006). Gestión de la propiedad intelectual en un contexto global. En J. Solleiro (Coord.), *Gestión tecnológica: conceptos y prácticas* (pp. 149-172). México: La Diva Estudio.

Lessig, L. (2004). *Cultura libre: cómo los grandes medios usan la tecnología y las leyes para encerrar la cultura y controlar la creatividad* (A. Córdoba, Trad.). Elástico. (Trabajo original publicado en 2004). Recuperado el 17 de agosto de 2008 de: http://www.cedi.uchile.cl/docs/Culturalibre.pdf

Lévy, P. (2004). *Inteligencia colectiva: por una antropología del ciberspacio* (Centro Nacional de Información de Ciencias Médicas, Trad.). Recuperado el 1 de noviembre de 2008 de:
http://inteligenciacolectiva.bvsalud.org/public/documents/pdf/es/inteligenciaColectiva.pdf

Melrose, E. (2007). Antecedentes históricos de las telecomunicaciones. En F. González, G. Soria y J. Tejado (Comps), *La regulación de las telecomunicaciones* (pp. 13-22). México: Porrúa.

Ohmae, K. (2006). *El próximo escenario global: desafíos y oportunidades en un mundo sin fronteras*. México: Grupo Editorial Norma.

Olachea, A. (2007). *Regulación y normatividad de las tecnologías de información y comunicaciones*. Tesis de licenciatura no publicada, Facultad de Ciencias, Universidad Autónoma de Baja California, Ensenada, Baja California, México.

Orozco, M. (2007). Concepto y naturaleza jurídica de las telecomunicaciones. En F. González, G. Soria y J. Tejado (Comps), *La regulación de las telecomunicaciones* (pp. 81-91). México: Porrúa.

Pedraja, L., Rodríguez, E. y Rodríguez, J. (2006). Sociedad del conocimiento y dirección estratégica: una propuesta integradora. *Interciencia, 31* (8), 570-576.

Piedras, E. (2007). Telecomunicaciones para el desarrollo integral. *Política Digital, 38,* 18.

Ruelas-Gossi, A. y Sull, D. (2006). Orquestación Estratégica: La clave para la agilidad en el escenario global. *Harvard Business Review, 84* (11), 42-52.

Schultz, T. (2006, noviembre). *Propiedad intelectual*. Documento presentado en el Centro de Investigación Científica y de Educación Superior de Ensenada, Baja California, México.

Serrano, A. y Martínez, E. (2008). *La brecha digital: mitos y realidades*. Mexicali, B.C., México: Universidad Autónoma de Baja California.

Shepard, S. (2002). *Telecommunications convergence: How to bridge the gap between technologies and services*. Nueva York: Mc Graw-Hill.

Tinoco, D. (2007). Derecho de las telecomunicaciones y su relación con otras disciplinas. En F. González, G. Soria y J. Tejado (Comps), *La regulación de las telecomunicaciones* (pp. 93-95). México: Porrúa.

www.wikipedia.org (s.f.). Convergencia. Recuperado el 25 de marzo de 2009 de: http://es.wikipedia.org/wiki/Commodity

Capítulo 2

Convergencia Global y sus diferentes facetas

Como se mencionó en el Capítulo 1, desde inicios de los años ochenta del siglo XX se ha hecho más evidente que las estructuras económica, geopolítica, social y cultural, del mundo se han transformado significativamente. Estos cambios se atribuyen con frecuencia al surgimiento y uso de las nuevas tecnologías. Sin embargo, el origen y la aplicación de estas mismas tecnologías han sido producto de una búsqueda de bienestar socioeconómico y cultural, rumbo a una integración humana, basada en una visión unificada del mundo.

En relación con lo anterior, pero desde una perspectiva económica, Ohmae (2006) explica que una visión unificada del mundo se genera como respuesta a la continua exposición que las sociedades sufren ante las de otros países. Con ello, se conciben opiniones coincidentes, escenarios globales y soluciones integrales.

Así mismo, Sachs (2008) opina que, en un entorno mundializado, las problemáticas se globalizan al igual que sus soluciones. No es azaroso el hecho de que muchos de los esfuerzos locales, regionales y nacionales, dirigidos a solucionar problemáticas como las epidemias, el calentamiento global y la actual crisis alimentaria, hasta el momento no hayan brindado los resultados esperados.

Por tanto, Sachs (2008) sugiere fijar medidas de acción de carácter global, así como un procedimiento basado en cuatro principios:

- Definir claramente el objetivo.
- Desarrollar tecnologías sustentables y efectivas.
- Diseñar una estrategia clara de implementación.
- Obtener fuentes de financiamiento.

Dentro de todo este nuevo escenario, emerge el fenómeno denominado *convergencia*, el cual abarca todos los campos del quehacer humano, incluyendo los aspectos tecnológicos, culturales, sociales, económicos y políticos. Este fenómeno se hace cada vez más evidente, y su impacto comienza a verse en la transformación del mundo para constituir una sociedad cada vez más consciente de su entorno, incluyente, colaborativa, integrada y con visión unificada.

El avance de la globalización y de la revolución de la información ha hecho evidente la aparición de la convergencia con diferentes facetas en los ámbitos tecnológicos, artísticos y socioeconómicos, entre otros. Cada uno de estos componentes evoluciona y se interrelaciona para dar lugar a una convergencia de gran cobertura y fuerza, que en esta obra la hemos denotado como *convergencia global*.

La convergencia global puede verse como un fenómeno de naturaleza dinámica, con diferentes facetas y aristas; que estimula, integra y detona procesos colaborativos, y se retroalimenta de estos mismos para generar nuevos procesos o para aumentar su influencia y penetración en la sociedad. Sin embargo, parecería que la convergencia global es el camino natural hacia el punto donde se interfieren positiva o negativamente fuerzas de capacidades y características complementarias, cuya interacción se refuerza o se atenúa en función de su intensidad, la fase (referencia de tiempo de aparición) y el enfoque (dirección).

En una analogía matemática, sería cuando dos o más vectores con diferentes direcciones y magnitudes se suman. El resultado de la interacción dependerá de las magnitudes y fases de dichos vectores. Dicho de otra manera, la correlación entre las fuerzas dependerá del grado de su similitud y del momento de su interacción. Es posible que las fuerzas sean muy similares en magnitud y dirección (enfoque o propósito), pero podrían aparecer en momentos (ventanas de oportunidad) en las que sus capacidades particulares no pueden o deseen ser aprovechadas por el entorno. Al extrapolar esta analogía matemática, la convergencia global se conforma a través de la interacción de todas las convergencias; de la condición del entorno, representada por las decisiones regulatorias, el mercado, la adopción de una cultura de innovación, el nivel de gobernancia y otros factores más que hacen que ella florezca y provea oportunidades de mejoramiento y bienestar social.

La convergencia global, más que un solo deseo de cómo deben evolucionar la tecnología o la sociedad, es un destino donde se encuentran fuerzas de diversa naturaleza, que avanzan impulsadas principalmente por la globalización y la digitalización. Su efecto tiene un gran potencial de aplicación al desarrollo sustentable del planeta.

La convergencia global permea todas las áreas del quehacer humano, sin embargo, en su avance se encuentra con inhibidores que tienden a detenerla o atenuar su influencia. Fundamentalismos, dogmatismos, brechas digitales y de innovación; intereses económicos (monopolios) y políticos; dicotomías y otros obstáculos de naturaleza humana se interponen a la realización plena de la convergencia global, afectando y retrasando los posibles beneficios de su llegada y eventual florecimiento.

Existen, sin embargo, herramientas que pueden facilitar el avance hacia una convergencia global armónica. Por un lado, los gobiernos deben desarrollar programas y políticas públicas que impulsen una cultura de *pensamiento y acción convergente*, y generen programas, leyes y reglamentos para estimular economías sanas y mercados competitivos y productivos. Por otro lado, la sociedad debe avanzar en su educación intelectual y moral, para facilitar el entendimiento del propósito del desarrollo humano y sustentable, la innovación y la importancia de la solidaridad y el bienestar social.

La Tabla 2 muestra procesos de convergencia que se están dando con gran intensidad, y que en muchos casos pasan desapercibidos por la mayoría de la gente.

Tabla 2. Ejemplos de convergencia en distintos campos

Contexto 1	Contexto 2	Convergencia
Empresas con fines de lucro	Empresas sin fines de lucro (ONG)	Empresas socialmente responsables
Gastronomía tradicional de un país	Gastronomía tradicional de otros países	Gastronomía de fusión
Problemáticas globales	Acciones locales	Soluciones integrales
Biología	TIC	Biotecnología y Genómica
Medio ambiente y energía	Desarrollo científico, tecnológico e industrial	"Tecnologías verdes"
Música tradicional	Música contemporánea	Música de fusión (World music)
Comunicaciones inalámbricas	Internet	Terminales inteligentes, ubicuas y móviles para diversas aplicaciones
Comunicaciones y Multimedios	Industria automotriz	Automóviles inteligentes

Uno de los sucesos de gran actualidad, en todas las esferas del quehacer humano, es el relacionado con el impacto del calentamiento global. Esta situación ha llevado a reflexionar a políticos, académicos y empresarios, así como a organizaciones gubernamentales, y no gubernamentales sobre la importancia de estimular una consciencia de desarrollo sustentable e integral en la población. Una acción local y una visión global, convergen para hacer evidente su interrelación en los efectos producidos por la afectación al medio ambiente y para reconocer la naturaleza orgánica de nuestro entorno (Sachs, 2008).

Se observa también una convergencia importante que resulta del surgimiento de la tendencia a constituir empresas socialmente responsables, o hacer que las micros, medianas y grandes empresas ya establecidas desarrollen estrategias para hacerse más conscientes de su papel en el desarrollo socioeconómico. Se puede distinguir, entonces, que ya no sólo las empresas de vocación altruista y sin fines de lucro desarrollan programas filantrópicos. Se multiplican los casos de empresas de todo tamaño que enfocan esfuerzos de atención social con programas en apoyo a causas que les proveen una imagen positiva ante la población. En algunos casos estos programas, despliegan grandes campañas publicitarias con afanes mercantilistas; en otros, se observa un deseo y propósito genuino de apoyar causas nobles con beneficios socioeconómicos a la sociedad (Austin, Guerrero y Reficco, 2004).

En el entorno académico se presenta una convergencia que en años recientes se ha debatido intensamente: la preeminencia o supremacía de la ciencia básica (búsqueda del conocimiento) sobre la ciencia aplicada (aplicación del conocimiento) o viceversa. El debate ha permitido reflexionar sobre la consideración de un nuevo discurso que da lugar a un concepto de ciencia pertinente o relevante a la sociedad, sin importar si es básica o aplicada y en donde se intersectan y se aprovechan los beneficios de ambas disciplinas, atenuando así, la línea divisoria entre ellas.

La convergencia penetra también en los ambientes culturales. En gastronomía, música popular, artes escénicas y otras disciplinas afines, se observa que diferentes géneros convergen para dar lugar a fusiones que, con la presencia de Internet y otros medios digitales de comunicación, se hacen cada vez más influyentes y evidentes al público. En este entorno se crean nuevas corrientes que integran elementos que antes estaban aislados, para dar lugar, en muchos casos, a creaciones controversiales o difíciles de entender por sectores importantes de la población.

Con el deseo de satisfacer a un consumidor más exigente y ávido de entretenimiento, las empresas proveedoras de servicios móviles de telecomunicaciones desarrollan aplicaciones y estrategias publicitarias para otorgar acceso móvil y ubicuo a Internet, con la disposición de un sinnúmero de servicios y aplicaciones. El teléfono ya no es sólo una terminal para comunicación de voz, su ámbito abarca la descarga de audio, video y fotos, que lo convierten en un dispositivo versátil, ejemplo claro de la convergencia tecnológica. La penetración del teléfono móvil ha sido impresionante. Existe más que teléfonos fijos en el mundo. Según la empresa británica The Mobile World (s.f.), señala que para el tercer trimestre de 2008, se contaba aproximadamente con 3.70 mil millones de usuarios móviles a nivel mundial. Desde 2007, la misma empresa reporta que la mitad de la humanidad cuenta con un teléfono móvil. Si tomó 20 años para que se conectaran los primeros 1,000 millones de habitantes, bastaron sólo 40 meses para llegar a los 2,000 millones.

Ya es posible en varios países, inclusive en vías de desarrollo, acceder a sistemas financieros en forma móvil y ubicua. Dada la penetración del teléfono móvil, muchas aplicaciones continuarán convergiendo para dotar a este dispositivo de capacidades mayores, lo que hará que este medio sea aún más indispensable en la vida cotidiana de la sociedad.

Las industrias, en general, han sido afectadas por el fenómeno de convergencia global. Su impacto se hace sentir cada vez con mayor fuerza, a través del avance de la digitalización en conjunto con la globalización. Las empresas financieras, de la construcción y de la alimentación, por mencionar algunas, son afectadas profundamente por la convergencia global. Cabe mencionar la convergencia tecnológica entre la industria automotriz y la electrónica de consumo, donde los productos de ambas áreas se interrelacionan cada vez más. Pantallas integradas de video para entretenimiento, teléfonos inalámbricos embebidos y despliegues de información geográfica, entre otros, se vuelven elementos comunes de las unidades modernas de transporte. Los vehículos de última generación son sistemas altamente integrados electrónicamente, no sólo en los servicios de entretenimiento que se ofrecen, sino también en partes y componentes básicas del funcionamiento mecánico.

La convergencia tecnológica se ha vuelto tan aparente a la sociedad —y su presencia tan obvia y amplia— que, en general, no se percibe lo que hay atrás de los sistemas. Por ejemplo, el consumidor da por hecho la existencia de cobertura, alcance, potencia y otras implicaciones tecnológicas, así como complejidad del funcionamiento de los sistemas inalámbricos y de consumo (Saracco, Harrow y Weihmayer, 2000). Esta situación es comprensible, ya que el consumidor está interesado en el uso de los dispositivos y no necesariamente en su funcionamiento. Sin embargo, las funcionalidades que los sistemas digitales de consumo ofrecen, en la actualidad, son tan amplias que difícilmente el usuario convencional utiliza todas sus capacidades instaladas.

El teléfono móvil más sencillo, el control remoto del televisor, la agenda electrónica convencional y hasta un simple reloj digital requieren de la instalación de algún tipo de configuración para su funcionamiento, a diferencia de los aparatos electrodomésticos de generaciones pasadas, que sólo requerían conectarse a la toma de corriente para su uso. Debido a lo anterior, se observa el impacto de la convergencia tecnológica en la creación de nuevos hábitos y géneros de uso, comunicación y conducta del *nuevo* consumidor, transformado por la penetración del Internet, los teléfonos móviles y otros dispositivos convergentes. De aquí la importancia de los aspectos de adopción tecnológica para habilitador, y catalizar los diversos procesos de convergencia tecnológica.

La convergencia global avanza en todos los campos; se presenta con grandes beneficios potenciales para el desarrollo socioeconómico y, a su vez impone retos de naturaleza diversa que deberán enfrentarse con una visión equilibrada entre el papel de la tecnología, la regulación y el mercado, y particularmente con la participación de la sociedad como moldeadora. Dicha sociedad es receptora de lo que los proveedores de tecnología y servicios ofrecen a sus consumidores cautivos y *cautivados* por aplicaciones atractivas que, en muchas ocasiones, no contribuyen a la dignidad, prosperidad y honor de la población.

Asimismo, entre los retos más importantes para el avance de la convergencia global, se encuentran los relativos a seguridad informática, propiedad intelectual, aspectos técnicos de interoperabilidad, portabilidad e interconexión; además de los relativos a la reducción de la *brecha digital y de innovación*, a la constitución de entornos regulatorios habilitadores y justos. Particularmente, es importante la creciente necesidad de una visión ética sobre el uso y la aplicación de las TIC, que resalte los factores humanos y que deje claro el papel de la tecnología como vehículo y no como fin para lograr el desarrollo humano integral de la sociedad.

Las crisis, así como las oportunidades, han dejado de ser únicamente de impacto local. La convergencia global ha creado una condición que amerita soluciones también globales, dado el tejido entrelazado entre la sociedad y la economía mundial. La crisis financiera de finales de la primera década de este siglo, no se hubiera dado tan rápidamente si no fuera por la conectividad y eficiencia de la red financiera global. Aún así, el potencial que ofrece la convergencia global es enorme; sin embargo, su beneficio será elusivo y limitado mientras no exista una conciencia ética, moral y humana que impulse y galvanice su florecimiento y adopción.

A su vez, la convergencia digital es resultado de la digitalización de la sociedad y la globalización. Por tanto, es importante analizar su naturaleza, evolución y efectos en diferentes campos del quehacer humano.

Convergencia digital

Los acelerados desarrollos tecnológicos de los últimos años en el campo de la informática y las comunicaciones, han detonado la llamada convergencia digital o convergencia de las TIC. Este fenómeno se perfila como el elemento habilitador de un escenario ubicuo, donde las TIC se unifican y brindan soluciones holísticas a una sociedad en constante cambio.

El término *convergencia*, es definido por la Real Academia Española (2000), como la acción de dirigirse, dos o más líneas, a un mismo punto; aproximarse a un límite; o bien, concurrir a un mismo fin. De ahí que, la convergencia digital se pueda definir como, la tendencia que tienen ciertas tecnologías a unificarse, con el fin de brindar a los usuarios soluciones integradas.

La convergencia digital es, en sí, un fenómeno complejo. Debido a sus múltiples dimensiones, es difícil encontrar una sola definición de ella. Su entendimiento requiere un estudio amplio, una visión multidisciplinaria y una gran participación de diversos sectores: academia, gobierno, industria y sociedad.

En un intento por precisar el significado de la convergencia digital, la empresa española Enter, en su estudio Convergencia Digital en España 2006, define este fenómeno como: "el conjunto de procesos de transformación social, económica, organizativa y tecnológica que la digitalización está haciendo posible e impulsando" (p. 14). Es decir, la convergencia es una amalgama de procesos de distinta índole, cuyo principal motor ha sido la digitalización, y cuyo impacto se refleja en cuatro esferas de la actividad humana: social, económica, tecnológica y regulatoria (Enter, 2006).

La misma empresa sugiere también que una de las maneras de abordar este tema es partir de la aproximación a una o más de estas cuatro perspectivas, o con base en la valoración de las consecuencias que el fenómeno ejerce sobre dichas esferas.

La infinidad de significados del fenómeno de convergencia dependen de la óptica de quien los desarrolla. Al respecto, Ramos (2007) señala:

> Para alguien involucrado [...] en el medio de las comunicaciones [...] el término convergencia puede tener un significado totalmente diferente, dependiendo del área de trabajo, e incluso la posición que ocupe en una organización [...] Se estima que el 70 por ciento de las personas [...] define convergencia como la distribución de voz, video y datos a través de redes de telecomunicaciones. La mitad de ellos piensa que también se refiere a la integración de soluciones móviles y fijas [...] Muy pocos tienen

la idea global que describe la filosofía real del concepto: la consolidación competitiva en las redes de entretenimiento, información, educación, cultura y telecomunicaciones para disponibilidad de todos en cualquier momento y en cualquier lugar (pp.25-26).

Otros autores han aportado diferentes definiciones sobre este fenómeno; por ejemplo Rosenberg, que en 1976 la describió como: "el proceso en el cual las industrias que fueron diferentes en términos de sus tecnologías y por lo tanto en sus bases de conocimiento, actualmente comparten tecnologías y bases de conocimiento similares" (Garibay y Lewis, 2008, s.p.). Este autor se refiere a la manera en que la industria microelectrónica, la informática, la de telecomunicaciones y, la de contenidos, han logrado integrarse y conformar el sector TIC, cuyo producto más prometedor es la convergencia digital. Un ejemplo de ella es el denominado *cuádruple play* (distribución de voz, datos, video y servicios móviles).

Perspectiva tecnológica

Desde la perspectiva tecnológica, la convergencia digital se entiende como la capacidad de transmitir y recibir información —voz, datos, video— a través de una misma plataforma de comunicación, ya sea de manera fija o móvil. Así mismo, es un fenómeno que permite la integración tecnológica de las comunicaciones, el Internet y los contenidos, a través de redes de alta capacidad y de una serie de dispositivos multifuncionales (Ramos, 2007; Olachea, 2007). Como resultado de esta integración tecnológica, surge la convergencia de servicios, redes y dispositivos.

Como consecuencia de la convergencia digital, actualmente se vislumbran cuatro tendencias tecnológicas principales:

1. La digitalización denotada por la empresa Enter (2006) como universal, donde además de los contenidos, las redes y los dispositivos, se requiere digitalizar al usuario.
2. El acceso ubicuo, que permitirá una conectividad continua sin restricciones de tiempo y lugar.
3. Las plataformas colaborativas, donde el almacenamiento, procesamiento y acceso a la información, se distribuyen y se comparten.
4. Los nuevos modelos de generación de contenidos, donde el usuario adopta el papel de productor de los mismos.

Perspectiva económica

En el contexto económico, la convergencia digital se concibe como la oportunidad empresarial de ofrecer a los consumidores infraestructuras, productos y servicios de información, comunicación y entretenimiento de manera ubicua, universal y eficiente. Esto permite tanto a fabricantes, como a operadores y proveedores, lograr una mayor participación y diversificación en el mercado.

A su vez, la convergencia digital ofrece la posibilidad de eficientizar las operaciones, la estructura organizacional y cada uno de los segmentos de la cadena de valor de empresas, instituciones y gobiernos. Con ello, se logra incrementar su competitividad y rendimiento (Garibay y Lewis, 2008).

Por su parte, para el consumidor final, la convergencia digital representa la oportunidad de acceder a una gran variedad de productos y servicios de las TIC universales. Dicho acceso es de manera indiscriminada, con altos niveles de calidad y una significativa reducción en costos.

> De acuerdo con C.K. Prahalad y Venkatram Ramaswamy, la desregulación, los mercados emergentes, las nuevas formas de regulación, la convergencia de tecnologías e industrias, y la ubicuidad de la conectividad han cambiado muchas facetas del mundo de los negocios [...] Los consumidores ahora están más informados, conectados, activos y globales [...] Las firmas pueden fragmentar hoy su cadena de valor de maneras que no eran posibles antes (12 Manage, 2003).

Con base en lo anterior, se concluye que el escenario económico de la convergencia digital está muy influido por la fuerza de los mercados – electrónica, telecomunicaciones, tecnologías de la información y contenidos–. Esta fuerza se alimenta de las necesidades y exigencias del consumidor final, que actúa como agente modelador de este fenómeno y de sus múltiples facetas.

Perspectiva sociocultural

Hoy en día, el uso y la explotación de la tecnología han salido de la esfera científico-tecnológica, para integrarse, de manera permanente, a la vida cotidiana de la sociedad. En este sentido, la convergencia digital no ha sido la excepción; por el contrario, ésta ha sido impulsada por un movimiento social vanguardista que promueve la interconectividad mundial, la continua adquisición de conocimiento y la eficiencia del quehacer humano

(Ramos, 2007). Por lo tanto, se puede afirmar que el origen de la convergencia digital posee una naturaleza tecno-social, cuyas raíces son, por un lado, la digitalización y, por el otro, el deseo humano de disponer de soluciones universales de comunicación, de manera indiscriminada.

Para la sociedad en general, la convergencia digital representa una oportunidad de interactuar con el resto del mundo, sin importar las barreras geográficas, culturales o políticas. A su vez, la convergencia digital permite al usuario intercambiar todo tipo de información, independientemente de su formato. Permite trabajar, educar, aprender, socializar, hacer negocios e inclusive, gobernar; todo ello en respuesta a las necesidades de la sociedad.

El acceso informacional, la movilidad, la comunicación total y la capacidad para producir contenidos, de manera práctica y permanente, son algunos beneficios que la convergencia digital promete (Kluth, 2008). Definitivamente, ésta es un fenómeno que ofrece oportunidades nunca antes imaginadas. Sin embargo, es importante que dichas oportunidades se propaguen alrededor del planeta; de lo contrario, la brecha digital no sólo continuará dividiendo a la sociedad entre *los que tienen y los que no tienen*, sino también lo hará, entre *los que saben y los que no saben* (Serrano y Martínez, 2008).

A pesar de este escenario amenazador, autores como Manuel Castells (2001), vislumbran un panorama más alentador. Este autor desataca la importancia de la democratización de las TIC, al hacer hincapié en las desventajas que la falta de ellas propicia en individuos, organizaciones y regiones del mundo. Castells también señala que la reducción de la brecha digital está dejando de ser un problema, ya que su reducción, día a día, se hace inminente.

Sin embargo, como mencionan Serrano y Martínez (2008), este hecho no debe ser medido solamente con estadísticas de penetración de servicios TIC, sino también en términos de oportunidades de acceso y programas de adopción tecnológica, que permitan a las comunidades hacer un uso eficiente de la convergencia de las TIC y, con ello, elevar la calidad de vida de sus habitantes.

De esta forma, en el contexto sociocultural, la convergencia digital se perfila como el vínculo de una sociedad que aspira a ser global. Representa la oportunidad de interconectar al mundo a través de la difusión de cultura y conocimiento, derrumbando a su paso barreras geopolíticas y económicas, que impiden el logro de un desarrollo humano integral. De esta forma, la convergencia digital se constituye como un componente fundamental en el camino rumbo a una convergencia global.

Perspectiva regulatoria

La convergencia digital, desde la perspectiva regulatoria, presenta el reto de establecer un marco jurídico, técnico y operativo, que brinde a concesionarios de redes públicas de telecomunicaciones, proveedores de servicios y sistemas informáticos, y generadores de la contenidos, la oportunidad de otorgar servicios integrados a la sociedad, mediante tecnologías eficientes, ubicuas y económicamente accesibles.

Al tomar en cuenta el ritmo de crecimiento y la constante innovación de la industria de las telecomunicaciones, en particular el de las tecnologías alámbricas e inalámbricas de banda ancha, la regulación se convierte en un factor fundamental de armonía y convivencia sana para la dotación de servicios convergentes. De esta manera la convergencia digital se convierte en un factor que impacta en el desarrollo económico de cada país y, a su vez, permite que los usuarios tengan la capacidad de acceder a más y mejores servicios tecnológicos. Para tal efecto, los países y sus administraciones de TIC requieren emitir diversas disposiciones, a partir de acuerdos que incorporen normas y reglamentos que faciliten el surgimiento y fortalecimiento de la convergencia digital.

En este sentido, cabe mencionar la importancia de asumir una postura de neutralidad tecnológica, que impulse la convergencia digital en un marco de calidad de servicio, con la consideración de los siguientes factores:

- Propiciar un entorno competitivo y equitativo, con el fin de ofrecer tarifas accesibles de los servicios convergentes.
- Facilitar que las redes públicas presten nuevos servicios, en condiciones de igualdad competitiva.
- Incrementar la diversidad de los servicios e introducir altas tecnologías, de acuerdo con los avances de las TIC, los requerimientos del mercado y las necesidades de los usuarios.
- Fortalecer la función rectora, normativa y promotora de los gobiernos, mediante la adecuación del marco jurídico, para que permita incorporar en forma eficiente y económica las nuevas tecnologías.

- Facilitar la convergencia de redes y la sana competencia entre concesionarios, mediante la interconexión e interoperabilidad eficiente de sus redes.
- Implantar la portabilidad de números telefónicos.
- Establecer medidas que prevengan subsidios cruzados.
- Autorizar a los diversos concesionarios de redes públicas de telecomunicaciones, la prestación de servicios convergentes.
- Establecer procedimientos regulatorios y administrativos para la prestación de estos servicios.

Mediante las acciones anteriores, se establecería un marco regulatorio habilitador de la convergencia digital que, a su vez, estimularía el fortalecimiento de la industria por un lado y, por otro, daría pie a la reducción de la brecha digital, con potencial de incidir positivamente en la calidad de vida de la sociedad.

En los Capítulos 3, 4 y 5 se abordan con mayor amplitud las perspectivas tecnológicas, las implicaciones en las empresas, y el papel de la regulación en la evolución de la convergencia digital.

Referencias

Austin, J., Guerrero, G. y Reficco, E. (2004). La nueva ruta: alianzas sociales estratégicas. *Harvard Business Review, 82* (12), 30-40.

Castells, M. (2001). Internet y la sociedad red. *La factoría, 14-15.* Recuperado el 24 de junio de 2008, de: http://www.lafactoriaweb.com/default-2.htm

12 Manage. (2003). Creación compartida. *12 Manage: The Executive Fast Track* [Enciclopedia en línea]. Recuperado el 9 de julio de 2008, de: http://www.12manage.com/methods_prahalad_cocreation_es.html#userforum

Enter (2006). *Convergencia digital en España.* Recuperado el 12 de febrero de 2008, de http://www.enter.es/enter/mybox/cms//1375

Garibay, J. A. y Lewis, A. (2008). ¿Es la convergencia una verdadera revolución tecnológica que transformará a la economía global? *Latin.tel, 4* (11). Recuperado el 8 de abril de 2008, de: http://www.regulatel.org/publica/Revista/Latin tel No 11.pdf

Kluth, A. (Abril 10, 2008). Nomads at last. *The Economist,* pp. 3-16.

Ohmae, K. (2006). *El próximo escenario global: desafíos y oportunidades en un mundo sin fronteras.* México: Norma.

Olachea, A. (2007). *Regulación y normatividad de las tecnologías de información y comunicaciones.* Tesis de licenciatura no publicada, Facultad de Ciencias, Universidad Autónoma de Baja California, Ensenada, Baja California, México.

Ramos, J. (2007). La convergencia tecnológica. En F. González, G. Soria y J. Tejado (Comps.), *La regulación de las telecomunicaciones* (pp. 23-34). México: Porrúa.

Real Academia Española. (2000). Convergencia. En *Diccionario de la lengua española.* Madrid: Espasa.

Sachs, J. D. (2007). Common Wealth. *Time.* Recuperado el 7 de agosto de 2008 de: http://www.time.com/time/specials/2007/article/0,28804,1720049_1720050_172205 7,00.html

Saracco, R., Harrow, J. y Weihmayer, R. (2000). *The disappearance of telecommunications.* Nueva York: IEEE Press.

Serrano, A. y Martínez, E. (2008). *La brecha digital: mitos y realidades.* Mexicali, Baja California, México: Universidad Autónoma de Baja California.

The Mobile World (s.f.). *Global customers by region, Q1 1990 to Q3 2008.* Recuperado el 15 de abril de 2009 de: http://www.themobileworld.com/tmwdev/Q4smartSite.dll/wrapper

Capítulo 3

Evolución de la convergencia digital

Tal como se mencionó en la introducción de esta obra, la convergencia digital es el resultado de la integración de los sistemas de información, telecomunicaciones y contenidos, y fue habilitada por la aparición y penetración de la microelectrónica. Así mismo, su conformación y evolución son continuamente afectadas por la regulación y la normatividad, las condiciones del mercado y los aspectos de adopción tecnológica.

Con el objeto de profundizar sobre el impacto de la convergencia digital, es conveniente presentar la perspectiva histórica de este fenómeno y distinguir los elementos que marcan las etapas más sobresalientes de su desarrollo. En este capítulo se inicia con los antecedentes históricos de las telecomunicaciones, y de ahí se procede a un análisis del desarrollo de las tecnologías de la información (TI) como antesala a la conformación de las TIC.

Antecedentes históricos de las telecomunicaciones

Las telecomunicaciones, entendidas como la forma de transportar información de un lugar a otro, independientemente de la distancia y del medio de comunicación, se remontan hasta los inicios de la humanidad, desde la aparición del hombre. Los primeros indicios de comunicación se plasmaron en las paredes de cuevas, en lo que ahora se conoce como pinturas rupestres, y que hasta la fecha indican cómo los hombres de aquellas épocas cazaban animales y recolectaban frutos para sobrevivir. Posteriormente, al aparecer el lenguaje y la escritura se logró una manera de comunicación más formal entre los individuos.

Con el paso del tiempo, muchas formas de procesar y enviar información se desarrollaron mediante herramientas que evolucionaron en función de las necesidades del hombre. En el siglo XIV se inició el uso de las palomas mensajeras para transportar información, y fue hasta el año 1455 cuando Johannes Gutenberg inventó un aparato para imprimir caracteres y gráficos. Por primera vez el hombre era capaz de difundir conocimientos y noticias a través de libros, folletos y otros medios de comunicación impresos, utilizando un sistema mecánico, rápido y sencillo, conocido como la *imprenta*.

Las telecomunicaciones de la era moderna

Quizá el parteaguas más importante de las telecomunicaciones es el descubrimiento de la electricidad, por Benjamin Franklin, en 1752, cuando en un día de tormenta volaba una cometa con una llave metálica atada; al sentir un choque eléctrico a través de su cuerpo, pudo descubrir el fenómeno de la electricidad. Posteriormente inventó el pararrayos.

El descubrimiento de la electricidad dejó un nicho para la aparición de nuevas invenciones, dentro de las más significativas se puede mencionar la de Alessandro Volta, quien alrededor de 1800 descubrió los principios de la batería, mejor conocida como *pila voltáica*. Otras contribuciones fundamentales para el desarrollo de las telecomunicaciones fueron los tratados matemáticos de Fourier, Cauchy y Laplace, así como los experimentos con electricidad y magnetismo de Hans Christian Oersted, Andre-Marie Ampere; la inducción electromagnética descubierta por Michael Faraday y Joseph Henry, y la ley de Ohm creada por George Simon Ohm en 1827.

El telégrafo

Los primeros sistemas telegráficos experimentales fueron desarrollados en Alemania en 1837 en la ciudad de Gottingen, por Carl Gauss y Wilhelm Weber. Establecieron una línea telegráfica con dos hilos de cobre entre los tejados de las casas, con una distancia de 2.3 kilómetros. En ese mismo año los ingleses William F. Cooke y Charles Wheatstone instalaron una línea telegráfica de 20 kilómetros en la ciudad de Londres, la cual fue terminada en 1839. Cooke y Wheatstone formaron una asociación legal, y en junio de 1837 recibieron una patente inglesa para su telégrafo, que se convertiría en el más grande medio de comunicación de larga distancia del Reino Unido, muchos años antes de que Morse lo hiciera en Estados Unidos.

Paralelamente, en 1837 Samuel Morse inventó un telégrafo eléctrico y un código de signos conformado por combinaciones de rayas y puntos, conocido como el *código Morse*. Por emisiones alternadas de corriente eléctrica, estos signos se grababan en el extremo opuesto de un conductor metálico; con ello, el envío de mensajes se hizo sistemático, fluido y al alcance del público. Gracias a la asignación de 30,000 dólares, que el Congreso de su país le hizo, Morse estableció en 1844 la primera línea telegráfica experimental de 60 kilómetros entre Washington, D.C. y Baltimore, Maryland, en Estados Unidos. Éste es uno de los primeros ejemplos de apoyo gubernamental a la innovación tecnológica.

Aunque en la actualidad el invento del telégrafo se le atribuye a Morse, por ser quien registró la patente en 1844 en los Estados Unidos, es importante tomar en cuenta las contribuciones de Gauss, Weber, Cooke y Wheatstone en este descubrimiento fundamental que forma la base del desarrollo de las comunicaciones modernas (Ruelas, 1995).

El contenido del primer mensaje telegráfico fue: "Lo que Dios ha forjado". Y para 1865, el código inventado por Morse se aceptó como estándar mundial en la primera Convención Telegráfica Internacional, que después dio origen a la Unión Internacional de Telegrafía (hoy Unión Internacional de Telecomunicaciones o ITU, por sus siglas en inglés) (Herrera, 2006).

Las redes telegráficas se fueron expandiendo poco a poco en Estados Unidos, Europa y el resto del mundo. Esto contribuyó enormemente al desarrollo de la economía y revolucionó los medios de comunicación, al acercar a la población al conocimiento de eventos y noticias de una manera más inmediata. Además, se modificaron, de esta manera, los patrones de cómo llevar a cabo los negocios y el manejo de las finanzas.

Cabe destacar, en este contexto, que el primer servicio provisto por un sistema de telecomunicaciones, fue de naturaleza digital. Es decir, con este descubrimiento, los servicios de datos antecedieron al servicio de la voz, el cual aparece posteriormente con la invención del teléfono. El telégrafo, aunque se transmitía por los cables de manera analógica, es un servicio provisto de un código de dos símbolos, el punto y la raya; es decir un código netamente digital o discreto.

El invento del telégrafo contribuyó por muchos años a las telecomunicaciones, acercando cada vez más al mundo. Inclusive, en la actualidad todavía se emplea de manera inalámbrica en muchas embarcaciones, como medio de comunicación esencial.

La telefonía

A través del tiempo, el hombre se ha comunicado mediante espejos, antorchas, señales de humo, sonidos de tambor, la escritura y el telégrafo. Después de transmitir señales eléctricas por un cable, poder transmitir la voz humana fue el sueño de muchos inventores durante el siglo XIX. Uno de los primeros pasos los dio el físico e inventor inglés Charles Wheatstone, quien demostró en la década de los veinte de ese siglo, que los sonidos musicales podrían retransmitirse por cables metálicos y de vidrio a cortas distancias.

En 1854, Antonio Meucci, un italiano emigrado en Estados Unidos, fabricó el primer aparato telefónico mecánico (no eléctrico), sin embargo, por problemas económicos y prácticos no pudo registrar la patente. El invento lo presentó a una empresa que no le prestó atención, pero que tampoco le devolvió los materiales. Se dice, aunque no está probado, que estos materiales cayeron en manos de Alexander Graham Bell, quien los utilizó para desarrollar un teléfono, él lo presentó como de invención propia. Meucci demandó a Bell, pero murió sin ver reconocido su mérito (O'Brien, s.f.).

Por otra parte, el físico autodidacta alemán Philipp Reiss, en 1861 desarrolló un aparato capaz de transformar las ondas electromagnéticas en ondas sonoras o acústicas, a una distancia de 100 metros; pero no era capaz de trasmitir la voz humana; cuestión en la que se centraron Alexander Graham Bell y Elisha Gray con éxito.

Entre los años 1872 y 1876, tanto Bell como Gray, cada uno por su cuenta llevó a cabo intensos experimentos para demostrar la transmisión de la voz humana por medio de señales eléctricas. Bell se acercó a la solución del problema a través de la acústica, y Gray por medio de la electricidad. De la misma manera, ambos construyeron aparatos similares, sólo que el del segundo no contaba con un transmisor como el del primero.

Para 1874 Gray logró el funcionamiento de un prototipo transmisor. Para ese entonces, Bell ya había completado las especificaciones y las notarió en la ciudad de Boston el 20 de enero de 1876. Coincidentemente, ambos solicitaron el registro de la patente el 14 de febrero de ese mismo año, pero Bell se adelantó con sólo un par de horas de diferencia, y logró finalmente la autoría el 7 de Marzo de 1876.

Bell ha sido considerado el inventor del teléfono, sin embargo, como se puede ver, no fue el primero en crearlo; únicamente fue el primero en patentarlo. Es así que el 11 de junio de 2002, el Congreso de Estados Unidos aprobó la resolución 269 por la que reconoció que el inventor del teléfono había sido Antonio Meucci, y no Alexander Graham Bell (Republican Study Committee, 2002).

Independientemente de quién fue el inventor del teléfono, el servicio de voz ha jugado un papel fundamental a lo largo de la historia. Ha transformado negocios y el estilo de vida de comunidades, tanto urbanas como rurales.

La radio

Con la invención del telégrafo y el teléfono, el hombre logró comunicarse a grandes distancias, inclusive entre continentes; uno de los principales inconvenientes fue la limitada cobertura de la infraestructura de cableado, por lo que algunas islas, embarcaciones y zonas geográficamente inaccesibles, quedaban aún incomunicadas.

La *telegrafía sin alambres*, como se le llamó a la radio, pudo superar algunos de estos inconvenientes de cobertura que los cables presentaban. Esto fue posible gracias a la transmisión de las ondas electromagnéticas y el uso del aire como medio. Uno de los primeros investigadores en experimentar esta teoría fue Heinrich Rudolf Hertz, un físico alemán, nacido en Hamburgo y educado en la Universidad de Berlín. Hertz clarificó y expandió la teoría electromagnética de la luz propuesta por James Clerk Maxwell en 1864. Hertz demostró en 1887 que la electricidad podía ser transmitida por medio de ondas electromagnéticas a través del aire, hoy conocidas como ondas hertzianas. Este experimento, que constaba de un oscilador y un resonador, sirvió para confirmar las ideas de Maxwell y dejó entrever la posibilidad de producir y transmitir ondas eléctricas a distancia y recuperarlas mediante un aparato receptor.

El descubrimiento de Hertz, aunque permitió comprobar la existencia de las ondas electromagnéticas y sus propiedades parecidas a las de la luz, no tuvo resultados prácticos inmediatos, porque el resonador, que revelaba la presencia de las ondas, únicamente podía funcionar a muy corta distancia del aparato que las producía.

Muchos personajes entusiastas contribuyeron en la invención de la radio, entre ellos Calzecchi Onesti, quien en 1884 descubrió la conductibilidad eléctrica que toman las limaduras de hierro en presencia de las ondas electromagnéticas. Oliver Lodge y Augustus Righi retomaron el descubrimiento de Hertz y realizaron muchas investigaciones sobre las propiedades de las vibraciones del denominado *éter*.

En 1890 el físico francés Edouard Désiré Branly construyó un dispositivo llamado cohesor, que permitió comprobar la presencia de ondas radiadas, es decir, desarrolló un sistema detector de señales electromagnéticas. Con el cohesor de Branly, fue posible hacer resonar un timbre colocado a distancia de un condensador. Cuando las terminales del condensador cargado se aproximaban lo suficiente para que la chispa saltara, las vibraciones del éter hacían que las limaduras metálicas que estaban sueltas en el cohesor se comprimieran y formaran una masa bastante compacta para establecer la conexión entre la pila y el timbre. Aunque con el cohesor de Branly se logró captar ondas electromagnéticas a distancias más considerables que con el resonador de Hertz, no podían obtenerse todavía aplicaciones prácticas.

Otro desarrollo importante de las tecnologías de la radio fue la del ruso Alejandro Stepanovich Popov, quien inventó la antena radioeléctrica y construyó el primer receptor, logrando con ello establecer las primeras transmisiones inalámbricas a una distancia considerable. Popov hizo una demostración de su invento el 7 de mayo de 1895 ante la Sociedad Rusa de Física y Química. Pocos días después escribió un artículo al respecto, en el que concluía afirmando que el objeto fue "demostrar que es teóricamente posible transmitir señales a cierta distancia sin utilizar conductores o, en otras palabras, según la moda de la telegrafía visual pero con ayuda de radiaciones eléctricas" (*Encyclopædia Britannica*, 2009, s.p.). Diez meses después, el 24 de marzo de 1896, Popov transmitió el primer mensaje telegráfico entre dos edificios de la Universidad de San Petersburgo, situados a una distancia de 250 metros. El texto de este primer mensaje telegráfico inalámbrico fue: "Heinrich Hertz".

El oscilador de Hertz, el detector de Branly y la antena de Popov constituyen los tres elementos indispensables para establecer un sistema de radiocomunicación. Fue necesario entonces constituir un sistema que integrara estos tres elementos; así, se logró uno de los primeros ejemplos de convergencia tecnológica en las telecomunicaciones. De eso se encargaría el físico italiano Guillermo Marconi.

Aunque muchos inventores contribuyeron al desarrollo de la radio, Marconi es quién realizó los experimentos exitosos de comunicación inalámbrica y consiguió la primera patente el 2 de julio de 1897 en la Gran Bretaña. Es por eso que se le considera el padre de la radio y de las telecomunicaciones inalámbricas.

En el año 1902, desde la estación Glace Bay en Nueva Escocia, Marconi envió el primer mensaje transatlántico entre Canadá y Gran Bretaña; posteriormente, en 1903, entre Gran Bretaña y Estados Unidos. En 1909, la Real Academia Sueca le otorgó a Guillermo Marconi el Premio Nobel de Física, como reconocimiento a sus méritos por el desarrollo de la telegrafía sin alambres.

La televisión

El gran reto de enviar información a través del aire se cumplió con el desarrollo de la radio. El siguiente desafío tecnológico sería poder enviar imágenes (video) en tiempo real por medio de las ondas hertzianas (foto-telegrafía). Una de las primeras contribuciones se debe al ingeniero alemán Paul Nipkow, quien en 1884 patentó un disco electromecánico de exploración lumínica, mejor conocido como el *disco de Nipkow*.

En 1923, John Logie Baird desarrolló y perfeccionó el disco de Nipkow con base en células de selenio. En ese mismo año Charles F. Jenkins, en junio, hizo las primeras transmisiones experimentales de televisión con un sistema mecánico, desde una estación naval de radio en Anacostia, Washington, D.C. A su vez, en 1923 un inmigrante ruso en Estados Unidos de América, Vladimir Sworykin, solicitó la patente de un tubo de rayos catódicos que denominó *ionoscopio*.

Un año después, en 1924, John L. Baird transmitió las primeras imágenes televisadas de objetos en movimiento, el primer rostro humano televisado en 1925, y en 1928 hace la primera transmisión transatlántica del mismo. En 1929 la BBC de Londres empezó a transmitir señales de televisión utilizando el sistema de 30 líneas de Baird. La totalidad del canal estaba ocupada por la señal de video, por lo que la primera transmisión simultánea de audio y video tuvo lugar hasta 1930. Con el correr del tiempo los sistemas electromecánicos en la televisión fueron sustituidos por los sistemas electrónicos. Años después empezaron los primeros desarrollos tecnológicos para crear la televisión a color. Con el fin de que los diferentes sistemas fueran compatibles, y que las señales en blanco y negro fueran también recibidas en las televisiones a color, el inventor ruso Sworykin sugirió la idea de estandarizar los sistemas de televisión que se estaban desarrollando paralelamente en el mundo. Gracias a esta iniciativa, a principios de 1940 se creó en Estados Unidos de América el formato de transmisión analógica de televisión de 525 líneas, actualmente en uso en muchos países, llamado Comité Nacional del Sistema de Televisión (NTSC, por sus siglas en inglés). Este formato de televisión no fue implementado en los países europeos, quienes crearon sus propios formatos.

En 1967 se creó en Francia el formato secuencial de color con memoria (SECAM, por sus siglas en francés), y en ese mismo año, Alemania hace lo propio creando el sistema líneas con fase alternada (PAL, por sus siglas en inglés). Tanto SECAM como PAL manejan una resolución de 625 líneas. Estos tres sistemas (NTSC, PAL y SECAM), son los formatos analógicos de televisión utilizados en el mundo, los cuales son incompatibles entre sí.

Al estandarizarse los diferentes formatos de televisión, empezaron las primeras transmisiones por las cadenas y estaciones locales y regionales. Con la puesta en órbita de los primeros satélites entre los años setenta y ochenta, la televisión adquirió una cobertura global. A finales de los noventa, con la aparición de los primeros sistemas digitales, la televisión satelital se convirtió en un servicio con más penetración en los hogares, compitiendo directamente con el servicio de televisión por cable. Por esas mismas fechas, la televisión se transformó totalmente, al llegar la televisión digital de alta definición (HDTV, por sus siglas en inglés).

La computadora

El advenimiento de los sistemas computacionales actuales data desde los orígenes de las computadoras mecánicas; un ejemplo de ellas son los ábacos, considerados como las primeras calculadoras mecánicas. Otro aparato similar es la *pascalina*, inventada en 1642 por el filósofo y matemático francés Blaise Pascal, la cual constaba de una caja con una serie de engranes que proporcionaban resultados de operaciones de suma y resta en forma directa. Se considera que la primera computadora, como tal, apareció alrededor de 1830, con la "*máquina analítica*" del inventor inglés Charles Babbage; el diseño se basaba en el telar de Joseph Marie Jacquard, el cual usaba tarjetas perforadas para determinar cómo una costura debía ser realizada. Este diseño, que nunca se llevó por completo a la práctica, contenía todos los elementos que configuran una computadora moderna y que la diferencian claramente de una calculadora.

Más de 100 años después de la aparición de la máquina analítica de Babbage, se desarrollaron las primeras computadoras electrónicas. Durante los últimos años de la segunda guerra mundial, un equipo encabezado por Howard H. Aiken de la Universidad de Harvard desarrolló la computadora Mark I. Este diseño estaba constituido por dispositivos electromecánicos llamados *relevadores*, y no se considera como la primera computadora totalmente electrónica. Es hasta 1947, cuando un equipo dirigido por John Mauchly y John Eckert construyó en la Universidad de Pennsylvania, una máquina electrónica llamada Computadora e Integradora Numérica Electrónica (ENIAC, por sus siglas en inglés). Esta máquina se considera como la primera computadora electrónica de la historia.

Otros sistemas, que algunos autores consideran como pioneros en el desarrollo de la primer computadora, son: Computadora Z3, desarrollada en Alemania en 1941 por Konrad Zuse; Computadora Colossus, desarrollada en Reino Unido, en 1943, por Alan Turing y Maxwell Newman, y Computadora ABC desarrollada por John Atanasoff y Clifford Berry en Estados Unidos de América, en 1942.

En 1949 apareció la Computadora Electrónica Automática de Variable Discreta (EDVAC, por sus siglas en inglés), una computadora construida por un equipo liderado por John Von Neumann. Las ideas de Von Neumann resultaron fundamentales para los desarrollos posteriores, por lo que se le considera como *el padre de la computación*. Otras computadoras de esta primera generación, las cuales estaban basadas en tubos de vacío o bulbos, son: la UNIVAC I, 80, 90, 1105; la IBM 701, 650, 704 y 709; Burroughs 220 (Levine, 2001).

La industria de la electrónica dio un giro importante con la invención del transistor; este invento fue demostrado en diciembre 23 de 1947 en los Laboratorios Bell de la AT&T y se le atribuye a William Shockley, John Bardeen y Walter Brattain. Catalogado como la invención más importante del siglo XX, el transistor sustituyó los tubos al vacío de la época, los cuales consumían enormes cantidades de energía. La invención del transistor trajo como resultado la disminución en los circuitos electrónicos, así como menor consumo de energía y, por consecuencia, menor costo de los sistemas.

Hacer más eficiente al transistor y disminuir su tamaño sustancialmente dio pauta al desarrollo de los circuitos integrados y la microelectrónica. Con esto se logró un avance vertiginoso en los equipos de telecomunicaciones e informática, lo cual a su vez dio lugar al surgimiento y la penetración de la digitalización en la sociedad.

La digitalización

La digitalización, desde el punto de vista técnico, es el proceso de convertir señales analógicas en señales digitales, con el propósito de facilitar su procesamiento (codificación, compresión, etc.) y hacer la señal resultante (la digital) más inmune al ruido y otras interferencias. Es decir, la digitalización es el proceso de transformación de información analógica o continua, en una representación discreta en tramas de *bit*, representadas por 0 (cero) y 1 (uno). Esta propiedad importante da lugar al proceso de *convergencia digital*, en el cual la voz, los datos y el video se transmiten de manera integrada en un medio común. La principal ventaja de la transmisión digital sobre la analógica es que la primera permite mejor calidad en la comunicación.

La digitalización tuvo en la telefonía una de sus principales aplicaciones. Aunque la telefonía digital fue concebida en los años treinta y cuarenta del siglo XX, aún no se contaba con tecnología suficiente para su implementación. No fue sino hasta finales de los años sesenta y principios de los setenta que, mediante el uso de circuitos integrados, fue posible la conmutación y la transmisión digital.

La compañía telefónica AT&T fue la primera operadora que introdujo, en 1962, la transmisión digital, y Western Electric Company fue la primera que introdujo la conmutación digital en 1976. Posteriormente, los sistemas llamados multicanalizadores mejoraron el desempeño de los sistemas de conmutación. Una técnica conocida como multicanalización por división de tiempo (TDM, por sus siglas en inglés) permitió la penetración de los sistemas conmutadores digitales, desplazando gradualmente a los de tipo analógico.

Un desarrollo tecnológico de gran importancia para el surgimiento de la convergencia digital fue la tecnología conocida como Red Digital de Servicios Integrados (ISDN). Mediante ISDN se logró integrar la transmisión simultánea de voz, datos e imágenes por un mismo canal.

Con la penetración del Internet, las comunicaciones de voz fueron revolucionadas mediante la utilización de la tecnología llamada VoIP, (voz sobre el protocolo IP o *Internet protocol*). Esta tecnología "ensambla" paquetes de información en el extremo transmisor usando el protocolo IP y los "desensambla" en el extremo receptor.

Las redes de conmutación de circuitos y de paquetes

Las redes de comunicación en la actualidad están divididas en dos grandes categorías: conmutación de circuitos y conmutación de paquetes. La conmutación de circuitos se origina desde la invención del teléfono y desde la aparición de los primeros conmutadores telefónicos manuales. Estos conmutadores manuales eran manejados por operadoras, es decir, mujeres que se hacían cargo de la conexión entre los usuarios conectando un par de cables sobre un tablero (*switching board*); es decir, establecían circuitos entre un par de abonados. En la actualidad los conmutadores telefónicos continúan operando, sin embargo, la conmutación de paquetes con base en el protocolo IP penetra con mayor rapidez en los entornos corporativos, gubernamentales y aún rurales.

La conmutación de circuitos es aquella en la que se establece un *circuito dedicado* entre dos o más nodos. Este circuito no puede ser utilizado por otros usuarios, sino hasta que el circuito sea liberado; es decir, permanece una trayectoria física y eléctrica continua (sin corte) entre los puntos de origen y destino durante la fase de comunicación.

Mientras que la conmutación de circuitos asigna un canal único para cada sesión, en los sistemas de conmutación de paquetes el canal es compartido por muchos usuarios simultáneamente. La mayoría de los protocolos llamados de red de cobertura amplia (WAN, por sus siglas en inglés), se basan en conmutación de paquetes, tales como: el protocolo de control de transmisión de Internet (TCP/IP, por sus siglas en inglés), el llamado X.25, el protocolo de transmisión de marcos *Frame Relay* y el protocolo de modo de transferencia asíncrono (ATM, por sus siglas en inglés).

La conmutación de paquetes es eficiente para aplicaciones que no son en tiempo real, tales como el correo electrónico, los sitios Web, los archivos, entre otros. En cambio, para aplicaciones de voz, video o audio, es recomendable que se garantice un ancho de banda adecuado para enviar la información. Cuando el ancho de banda no es suficiente, se produce saturación de tráfico o el canal de transmisión no es robusto y pueden existir pérdidas o retardo en la transmisión de los paquetes. El desempeño de la conmutación de paquetes mejora con la utilización de sistemas de la llamada calidad de servicio (QoS, por sus siglas en inglés) y de protocolos eficientes de comunicación.

Fibras ópticas

La fibra óptica, como medio de comunicación de alta capacidad, ha influido de manera sustancial en la evolución de las TIC. Esta tecnología consiste en fibra de vidrio de dimensiones del orden de los nanómetros, diseñada para guiar un haz de luz sobre ella. La propiedad de guiar la luz fue demostrada por primera vez en 1870 por John Tindall; a su vez, otros inventores a lo largo de la historia han contribuido en materia de propagación de la luz, como es el caso de William Wheeling, quien en 1880 patentó un método para transferir la luz, llamado *light piping*. En ese mismo año Alexander Graham Bell desarrolló un sistema de transmisión óptico de voz al que llamó *fotófono*, el cual transportaba la voz humana a 200 metros utilizando la luz en el espacio libre.

La tecnología de fibra óptica experimentó un gran progreso en la segunda mitad del siglo XX. Un ejemplo es el fibroscopio (*fiberscope*), desarrollado en los años cincuenta, un dispositivo transmisor de imágenes era utilizado en las primeras aplicaciones prácticas en fibras de vidrio. Este dispositivo fue creado por Brian O'Brien de la American Optical Company. Fue Narinder Kapany y sus colegas del Imperial College of Science and Technology de Londres, quienes acuñaron el término *fibra óptica* en 1956. La fibra óptica de ese entonces, hecha de vidrio, experimentaba pérdidas ópticas excesivas, las cuales limitaban la distancia de transmisión de la luz. Esto motivó a los científicos a desarrollar fibra de vidrio que incluyera un revestimiento de vidrio por separado. La región interna de la fibra o núcleo (*core*) era usada para transmitir la luz, mientras que el revestimiento (*cladding*) prevenía la salida de la luz fuera del núcleo al reflejar la luz dentro de sus paredes. Este concepto es explicado con la Ley de Snell, la cual establece que el ángulo en el cual la luz es reflejada depende de los índices refractivos de los dos materiales que componen la fibra, en este caso, el núcleo y el revestimiento.

Otra tecnología importante es la conocida como diodo emisor de luz (LED, por sus siglas en inglés). Este dispositivo permitió generar haces de luz en un punto tan pequeño capaz de excitar la fibra óptica para sus aplicaciones en comunicaciones. En 1957, Gordon Gould popularizó la idea de utilizar láseres como fuente de luz intensa. Tiempo después, Charles Townes y Arthur Schawlow, de los Laboratorios Bell, llevaron a cabo desarrollos importantes para fortalecer y adoptar la tecnología láser en diferentes disciplinas científicas.

En 1970, los investigadores de la compañía Corning Glass, Robert Maurer, Donald Keck y Peter Schultz, diseñaron y produjeron la primera fibra óptica hecha de sílica, fundida con bajas pérdidas, para su uso en telecomunicaciones. El método y los materiales inventados por Maurer, Keck y Schultz abrieron la puerta a la comercialización de la fibra óptica para los primeros enlaces telefónicos de larga distancia y, posteriormente, para las comunicaciones relacionadas con las redes de área local.

Desarrollos posteriores, tales como la amplificación óptica mediante los llamados amplificadores de fibra óptica dopados con erbio (EDFA, por sus siglas en inglés) y los sistemas de multicanalización por división de longitud de onda (DWDM, por sus siglas en inglés) permitieron aumentar la distancia de cobertura y la capacidad de la fibra óptica, respectivamente. En 1990 investigadores de los laboratorios Bell transmitieron señales de 2.5 Gbps sobre 7.5 km sin regeneración. Subsecuentemente, en 1998, en los mismos Laboratorios Bell se logró transmitir más de 100 señales ópticas simultáneas, cada una a velocidades de 10 Gbps a una distancia de 400 km (Goff, 2002). En este experimento, la tecnología DWDM permitió incrementar la capacidad total de un cable de fibra óptica a velocidades combinadas de un *terabit* (10^{12} *bits* por segundo).

Comunicaciones vía satélite

La idea de comunicación global mediante el uso de satélites, se debe al escritor británico de ciencia ficción Arthur C. Clarke, quien se basó en las leyes de Isaac Newton publicadas en 1687 y las leyes de Kepler, publicadas en el periodo 1609-1619. La propuesta de Clarke, publicada en octubre de 1945 en la revista británica *Wireless World*, bajo el título de "Extra-terrestrial relays", sugería un sistema de comunicación global mediante estaciones espaciales hechas por el hombre. La propuesta se basaba en lo siguiente:

- El satélite serviría como repetidor de comunicaciones.
- El satélite giraría a 36,000 km de altura sobre el ecuador.
- El satélite estaría en órbita *geoestacionaria*.
- Tres satélites separados a 120° entre sí cubrirían toda la tierra.
- Se obtendría energía eléctrica mediante energía solar.
- El satélite sería una estación espacial tripulada.

La mayoría de estos puntos, a excepción del último, se llevaron a cabo unos años después, al mejorar la tecnología de los cohetes. El sueño de Clark, catalogado como *el padre de las comunicaciones vía satélite*, comenzó a transformarse en realidad con el desarrollo del primer satélite artificial: el Sputnik (satélite o *compañero de viaje*, en idioma ruso). Este satélite lanzado en octubre de 1957 se puso en órbita elíptica de baja altura. Sólo emitía un tono intermitente, y estuvo en funcionamiento durante 21 días, marcando así el inicio de la era de las comunicaciones vía satélite en el mundo.

Algunos autores consideran que el primer satélite repetidor totalmente activo fue el Courier, lanzado por el Departamento de Defensa de los Estados Unidos, en octubre de 1960. Éste transmitía conversaciones y telegrafía, y a pesar de su vida útil de sólo 70 días, fue el primer satélite que usó celdas solares.

Por su parte, el Syncom 3 fue el primer satélite de órbita geoestacionaria. Este satélite fue lanzado en febrero de 1963 por la Agencia Nacional de Aeronáutica y el Espacio (NASA, por sus siglas en inglés). Entre otras aplicaciones, se utilizó para transmitir los Juegos Olímpicos de 1964.

El Intelsat I, mejor conocido como *pájaro madrugador* (*early bird*), fue el primer satélite internacional de órbita geoestacionaria. Fue lanzado por el consorcio internacional Intelsat en abril de 1965.

El sistema Molniya (*relámpago*, en idioma ruso), constituyó la primera red satelital doméstica. El Molniya fue lanzado en 1967 por la Unión Soviética, y consistía en una serie de cuatro satélites, en órbitas elípticas con una cobertura de 6 horas por satélite.

Estas primeras incursiones en la industria satelital dieron pauta para que en los años posteriores se pusieran en órbita satélites de mejor tecnología. El advenimiento de los llamados amplificadores de bajo ruido (LNA, por sus siglas en inglés) permitió la llegada de la tecnología satelital a los hogares. A finales de la década de los noventa, aparecieron los primeros sistemas satelitales de televisión directa al hogar (DTH, por sus siglas en inglés), los cuales, con un solo satélite, son capaces de brindar más de 300 canales al usuario mediante un receptor satelital y un plato receptor de 60 centímetros.

En la actualidad, los satélites son más especializados y se pueden clasificar en tres categorías: satélites de órbita baja (LEO, por sus siglas en inglés), satélites de órbitas medias (MEO, por sus siglas en inglés) y satélites de órbita geoestacionaria (GEO, por sus siglas en inglés). Estos satélites brindan servicios de voz, datos, telefonía, televisión, clima, astronomía, etcétera.

Es importante mencionar el surgimiento reciente de los llamados nanosatélites, los cuales ampliarán el espectro de aplicación de la tecnología satelital hacia diferentes disciplinas, dentro de las cuales se pueden mencionar prospección geofísica, monitoreo meteorológico y ecológico, entre otras (Martínez, 2004).

El surgimiento de la red Internet

Otro evento importante en el desarrollo de las TIC, rumbo a la digitalización de la sociedad, es el surgimiento de la red Internet. Esta red consiste en una matriz global de nodos y computadoras conectadas entre sí mediante el protocolo IP. Es un protocolo estándar utilizado como plataforma de transmisión de las aplicaciones de correo electrónico, transferencia de archivos, voz sobre internet, navegación, mensajería instantánea, etcétera.

El nacimiento de Internet se remonta a principios de los años sesenta en los Estados Unidos de América, cuando la Agencia de Proyectos de Investigación Avanzada (ARPA, por sus siglas en inglés) del Departamento de Defensa se involucró en la creación de una red de computadoras para promover la compartición de recursos de cómputo entre diversos investigadores de ese país.

Fue hasta 1969 cuando se creó la primera red de supercomputadoras entre cuatro centros de investigación, mismos que se reconocen históricamente como los primeros cuatro *hosts* de Internet. Estos cuatro centros fueron el Instituto de Investigación Stanford (SRI, por sus siglas en inglés), en San Francisco, California; la Universidad de California en Los Ángeles (UCLA, por sus siglas en inglés), la Universidad de California en Santa Barbara (UCSB, por sus siglas en inglés) y la Universidad de Utah. A esta primera red se le conoce como la red Arpanet.

Arpanet tuvo gran aceptación entre los investigadores, a quienes dio la oportunidad de compartir datos y recursos a distancia para sus investigaciones. Así, se constituyó como un elemento importante de comunicación entre ellos, y fue el correo electrónico el servicio más popular. De manera gradual se fueron incorporando nodos a esta red, todos provenientes de institutos de investigación y universidades. Para 1989, la red estaba constituida por más de 100,000 nodos.

En ese mismo año, Tim Berners-Lee, investigador de la Organización Europea para la Investigación Nuclear (CERN, por sus siglas en francés) en Suiza, inició el desarrollo de un sistema de hipertexto que permitía *navegar* entre documentos localizados en diferentes sitios, por medio de hiperligas de texto e imágenes, con sólo el *click* de un "ratón". Un par de años después apareció el primer navegador comercial de Internet, el Mosaic, el cual facilitó que personas con mínimos conocimientos de computación pudieran tener acceso a la información disponible en la red. Es así como Arpanet se transformó en lo que hoy conocemos como Internet.

Posteriormente, se integraron a Internet entidades empresariales, gubernamentales y sociales. El empleo de los *navegadores* como Mosaic y, después Netscape, ocasionó un crecimiento explosivo de Internet que, para 1993, fue de 341,634%. Este crecimiento propició que el tráfico de los datos superase al tráfico de la voz (Serrano y Martínez, 2008).

Tecnologías de telecomunicaciones habilitadoras de la convergencia

Red Digital de Servicios Integrados (ISDN, por sus siglas en inglés)

En un inicio, las redes de telecomunicaciones fueron utilizadas para transportar información analógica como es el caso del servicio de voz; sin embargo, éstas eran vulnerables a los efectos del ruido, particularmente en enlaces de larga distancia. Durante los años sesenta, las compañías telefónicas de Estados Unidos de América iniciaron gradualmente la incorporación, a sus redes, de sistemas de conmutación digital. Mediante estos sistemas se logró mejorar la calidad de audio de las llamadas de larga distancia.

Por su parte, los países europeos adoptaron también un esquema digital, pero diferente al de Estados Unidos de América. Fue en la década de los años setenta cuando las grandes empresas empezaron a interesarse en la idea de interconectar sus sistemas de cómputo, por lo que las compañías telefónicas de esa época empezaron a enfrentar este nuevo desafío de transmitir voz y datos de manera integrada.

Durante la década de los ochenta, el tráfico de telefonía y la transmisión de datos a alta velocidad, se llevaban a cabo mediante redes separadas. El desarrollo de sistemas de conversión analógica/digital, estableció la plataforma para una integración eventual del tráfico de voz y datos en una misma red (Rojo, 2004).

En 1984 el Comité Consultivo Internacional de Telefonía y Telegrafía (CCITT, por sus siglas en francés), hoy ITU-T, inició el desarrollo de estándares para lograr que una red basada en líneas digitales fuera capaz de ofrecer cualquier tipo de servicio (voz, datos y video), habilitando la red telefónica tradicional como red de transmisión de datos.

Ese mismo año el CCITT publicó en la recomendación I.120, las guías iniciales para la implementación de una ISDN. Para implementarla, se debía partir de la vieja red telefónica existente y seguir dos fases de desarrollo:

La primera fase sustituyó las centrales telefónicas analógicas por centrales digitales; éstas debían ser compatibles con los sistemas antiguos, pero ser capaces de ofrecer los servicios requeridos por las nuevas redes. También se debían de convertir los enlaces de comunicación de larga y corta distancia en canales digitales. El único canal analógico sería el enlace (*local loop*) entre el usuario (abonado) y la central telefónica.

La segunda fase consistió en cambiar los enlaces a los abonados por conexiones digitales, completando así la infraestructura ISDN (Becker, 2006). El desarrollo de la ISDN dio lugar a la tecnología ATM, con la que se constituyeron redes integradas y robustas para comunicación de voz, datos e imágenes en un mismo canal.

Sistemas de microondas terrestres

El término *microondas* se aplica a todas aquellas frecuencias desde 1 GHz hasta 300 GHz, las cuales tienen longitudes de onda en el orden milimétrico. Un elemento importante en los radios de microondas son los elementos transmisores/amplificadores de potencia, los cuales van desde los magnetrones, tubos de vacío de haces lineales tipo *Klystron*, el tubo de ondas viajeras (TWT, por sus siglas en inglés), hasta los amplificadores de potencia de estado sólido (SSPA, por sus siglas en inglés).

En la actualidad, los enlaces de comunicación vía microondas se utilizan para conectar redes públicas y privadas a nivel de redes metropolitanas, así como en aplicaciones de larga distancia que permiten interconectar centrales telefónicas, tanto fijas como móviles.

Otra tecnología inalámbrica es la conocida como enlace inalámbrico local (WLL, por sus siglas en inglés). El WLL es un sistema basado en celdas que conecta a los usuarios a la red pública telefónica conmutada, utilizando señales de radio y sustituyendo el cableado de cobre entre la central y el abonado. Estos sistemas incluyen sistemas de radio fijos, sistemas celulares fijos y sistemas de acceso sin cables. Otras tecnologías emergentes similares a WLL son el servicio de distribución multipunto local (LMDS, por sus siglas en inglés) y el servicio de distribución multipunto multicanal (MMDS, por sus siglas en inglés).

El LMDS es una tecnología de banda amplia inalámbrica de punto-multipunto, con base en celdas que tienen capacidad de transportar grandes cantidades de información a altas velocidades. Este sistema opera a frecuencias milimétricas, típicamente en las bandas de 28, 38 ó 40 GHz. Esto permite velocidades de datos de hasta 38 Mbps por usuario pero con la restricción de que las distancias de cobertura deben ser cortas (menos de 8 km).

La alta capacidad del LMDS hace posible una gama de servicios tales como video digital, voz, televisión interactiva, música, multimedia y acceso a Internet a altas velocidades. El LMDS es una tecnología que permite su implantación rápida en áreas urbanas o en áreas con baja densidad de población, como es el caso de las comunidades rurales. Provee una solución de última milla que puede sustituir a los servicios cableados tradicionales a bajo costo y altas velocidades.

Telefonía celular

La comunicación móvil (radio móvil) tiene sus orígenes en el año de 1921 en la ciudad de Detroit, donde el Departamento de Policía instaló los primeros radios móviles que operaban a una frecuencia de 2 MHz. Eventualmente, con el desarrollo de la técnica de modulación en frecuencia (FM, por sus siglas en inglés) se mejoró el desempeño de estos radios. Posteriormente, en 1946, los laboratorios Bell desarrollan un sistema de telefonía móvil comercial, que se instaló en la ciudad de Saint Louis, Missouri. Este sistema operaba en la banda de frecuencias de 150 MHz.

En 1947 se estableció un sistema similar para servicio en carreteras, entre la ciudad de Nueva York y Boston, el cual trabajaba en la banda de 35-44 MHz. En 1964 se introdujo un sistema móvil en la banda de 150 MHz, que permitió a los usuarios ingresar directamente al teléfono que deseaban llamar. Anteriormente esta función se llevaba a cabo mediante la técnica *push-to-talk*. Este servicio se extendió a la banda de 450 MHz en 1969.

En diciembre de 1971, AT&T envió una propuesta a la Comisión Federal de Comunicaciones (FCC, por sus siglas en inglés), para instalar el primer servicio de telefonía celular. Por otra parte, la compañía Motorola, fabricante de radios de dos vías, entró en competencia directa con la empresa AT&T. Un año antes, los laboratorios Bell habían desarrollado un mecanismo para trasferir llamadas entre celdas (*call handoff*) sin interrumpir la conversación.

En abril de 1973, el Dr. Martin Cooper, empleado de Motorola, hizo una primera llamada a su rival Joel Engel, jefe de investigación de los laboratorios Bell de AT&T, desde un prototipo de teléfono llamado DynaTAC. Con éste demostró que la empresa Motorola podía competir directamente en esta tecnología contra AT&T. Debido a su importante contribución, Martin Cooper es considerado como *padre de la telefonía celular*. La integración de la red de telefonía AT&T y el teléfono inventado por Cooper dio pauta a las primeras redes celulares en los Estados Unidos.

En 1982 la FCC aprobó la propuesta que originalmente hizo AT&T en 1971, de liberar las frecuencias de la banda de 824-894 MHz para el servicio analógico celular, conocido como servicio telefónico móvil avanzado (AMPS, por sus siglas en inglés). En 1978 los laboratorios Bell habían lanzado la primera red celular comercial de prueba en la ciudad de Chicago, utilizando la tecnología AMPS.

Esfuerzos paralelos en telefonía móvil en Europa y Asia contribuyeron al desarrollo de la industria celular en el mundo. En 1979 la compañía Japonesa de Teléfonos y Telégrafos (NTT, por sus siglas en inglés) lanzó en Japón el primer servicio de telefonía celular comercial en el mundo. Durante la década de los ochenta las compañías celulares operaban con tecnologías analógicas de la llamada primer generación (1G), la cual utilizaba el método de acceso al medio tipo frecuencial (FDMA, por sus siglas en inglés).

En los años noventa apareció la segunda generación (2G) de telefonía celular, con los primeros servicios digitales móviles mediante la utilización de la tecnología de acceso al medio por división de tiempo (TDMA, por sus siglas en inglés). Esta tecnología constituyó una plataforma para el desarrollo de la tecnología europea llamada sistema global para comunicaciones móviles (GSM, por sus siglas en inglés), que surgió por primera vez en Finlandia.

Por otra parte, en Estados Unidos de América se puso en operación otra tecnología digital muy importante, conocida como acceso múltiple por división de código (CDMA, por sus siglas en inglés). Una década después se constituyó en Japón la primera red celular de tercera generación (3G), operada por la compañía NTT DoCoMo, con base en el estándar *wide* CDMA (WCDMA, por sus siglas en inglés).

La telefonía celular sigue evolucionando hacia la llamada cuarta generación (4G), constituyéndose en un dispositivo que no sólo es utilizada para servicios de voz, sino que se ha convertido en un claro ejemplo de convergencia tecnológica para aplicaciones de diversa naturaleza.

El crecimiento de la telefonía móvil ha sido explosivo. A nivel mundial el número de teléfonos fijos ha sido rebasado, con lo cual la telefonía móvil se perfila como una plataforma integral convergente de acceso a Internet, y a su vez, como un elemento clave en la reducción de la brecha digital.

Tendencias y perspectivas de las TIC

Como se menciona a lo largo de esta obra, las TIC se conciben como el universo de tres conjuntos: 1) las tecnologías de la comunicación (el transporte de información), conformadas por la radio, la televisión y la telefonía convencional, las redes de comunicación y el Internet; 2) las tecnologías de la información, constituidas por las tecnologías que procesan y despliegan información, tales como la informática, las redes de información y la Web; y 3) los contenidos. Las TIC en su conjunto hoy en día influyen en todas las áreas del conocimiento y el quehacer humano.

Los dispositivos de comunicación y computación, no sólo son elementos electrónicos, sino también componentes de alta integración con un alto contenido de *software* o *firmware*; en cuyo diseño intervienen diversas disciplinas, como física de materiales avanzados, la ergonomía y la adopción tecnológica, entre otras. El teléfono, por ejemplo, dejó de ser sólo un dispositivo para comunicación, pues actualmente incorpora capacidades de entretenimiento, administración personal, posicionamiento geográfico, aplicaciones de salud, entre otras.

La radio es otro servicio que se ha transformado. De ser un servicio local y regional transmitido en las bandas de AM y FM, ahora está disponible a nivel mundial mediante la aplicación de sistemas digitales satelitales, como es el caso de la compañía Sirius xm (www.siriusxm.com) en Estados Unidos.

Como parte del avance de la digitalización y su aprovechamiento en el mundo, la tecnología VoIP ha jugado un papel disruptivo en el campo de las comunicaciones. Ha afectado a empresas con posiciones monopólicas en la dotación de servicios de larga distancia y se ha convertido en una alternativa eficiente y de bajo costo para la comunicación de voz de manera ubicua, a través del acceso a Internet.

Hoy en día resulta difícil hablar de tecnologías aisladas; todas ellas sufren de la influencia de convergencias no sólo tecnológicas, sino también culturales, sociales y económicas. Un ejemplo importante de esto es el avance del Internet hacia la llamada Web 2.0, que se ha constituido como una plataforma multidisciplinaria que está dando forma al Internet del futuro, ya que proporciona una nueva alternativa interacción social y comercial.

Web 2.0

Desde sus orígenes, la *Web* fue concebida como una herramienta social. Desde que su inventor, Tim Berners-Lee, creó a principios de los años noventa la World Wide Web, su motivación fue mejorar la comunicación con sus colegas investigadores. Al popularizarse su uso, empezaron a proliferar en ella páginas personales y negocios que se establecieron como las primeras empresas llamadas *punto-com* (Urstadt, 2008).

En el periodo 2000-2001 muchas de las compañías punto-com con planes de negocio endebles y proyecciones financieras mal fundamentadas, cerraron sus operaciones, con lo cual ocasionaron una desaceleración de la economía estadounidense, conocida como *la burbuja de Internet*. Como consecuencia de la globalización, se afectaron los mercados y las economías de muchos países del mundo (Serrano y Martínez, 2008).

Así, el estallido de la burbuja de Internet en el otoño del año 2001 marcó un momento crucial para el desarrollo de la Web. Mucha gente concluyó que las expectativas sobre el alcance de la Web a nivel comercial eran exageradas. Sin embargo, como ha sucedido en otras revoluciones de tipo tecnológico, las crisis económicas parecen ser una característica común (O'Reilly, 2005). Se conjugaron efectos relativos a una visión limitada sobre la verdadera naturaleza cultural y socioeconómica del Internet, con una falta de infraestructura de banda ancha que permitiera desarrollar aplicaciones a la medida de los requerimientos de la sociedad y empresas de esa época.

Con el aumento de la penetración de banda ancha en el mundo y la proliferación de aplicaciones centradas en las necesidades de grupos específicos, surgieron movimientos e iniciativas que motivaron la aparición de diferentes formas y entornos de interacción personal. A su vez, éstos generaron una cultura basada en el uso intensivo de los medios audiovisuales y colaborativos a través de Internet. Esta plataforma dio origen a la llamada *Web 2.0*.

La primera fase de la Web se caracterizó principalmente por páginas Web personales y empresariales con contenidos estáticos, utilizando el lenguaje de programación conocido como *hypertext markup language* (HTML). En esta etapa los dueños de los sitios Web tenían el control total del contenido y los usuarios eran simplemente observadores. Posteriormente, el desarrollo de nuevos lenguajes como PHP, Javascript, Java, XML, Ajax, entre otros, dio pie a la creación de nuevas plataformas que permiten al usuario adoptar no sólo el papel de observador, sino también de creador de contenidos. De esta forma, nacieron las llamadas redes sociales, las bitácoras (*blogs*), los *wikis* (e.g. Wikipedia), *mashups* (híbridas), entre otras aplicaciones que se consideran parte de la plataforma Web 2.0.

El término *Web 2.0* fue acuñado por Tim O'Reilly en 2004, para referirse a una segunda generación de la Web, basada principalmente en comunidades de usuarios, las cuales fomentan la colaboración y el intercambio ágil de información. La Web 2.0, se ha constituido como una nueva filosofía de hacer las cosas mediante estándares y servicios que existieron mucho antes de acuñarse el término.

En la Web 2.0 el usuario de Internet tiene una participación activa, no sólo accediendo a la información, sino además aportando en contenidos. Mediante las capacidades de la Web 2.0 el usuario de Internet puede desempeñar funciones que anteriormente estaban restringidas a especialistas. Tales son los casos de la edición de audio, video e imagen, publicación de libros y artículos, procesamiento de información, administración de recursos, entre muchas otras.

La capacidad colaborativa que posee la Web 2.0 añade valor a los productos generados por el usuario. Así, cuantas más personas accedan a una página Web o a un servicio, mayor será el valor para el resto de los usuarios (efecto red) y, por lo tanto, se fomentará más el desarrollo de la llamada *inteligencia colectiva de la sociedad* (Fundación de la Innovación Bankinter, 2007).

Debido al gran potencial que ofrece la Web 2.0, numerosas empresas alrededor del mundo han comenzado a utilizar ampliamente aplicaciones basadas en Web 2.0. Corporativos importantes han adquirido compañías de Internet, cuyo éxito y popularidad entre los usuarios es alto; tal es el caso de YouTube quien fue comprado por Google, por la cantidad de 1,650 millones de dólares y la compra de Skype por ebay, por 2,600 millones de dólares. En julio de 2005 el empresario Rupert Murdoch, un magnate de medios de comunicación tradicionales (News Corp.), pagó 580 millones de dólares por MySpace. En octubre de 2007 Microsoft adquirió por 240 millones de dólares acciones de Facebook; este trato valuó a Facebook en 15,000 mil millones de dólares (Urstadt, 2008). En marzo de 2008 American Online (AOL) pagó 850 millones de dólares por la red social Bebo.com. Estos son sólo algunos ejemplos de las adquisiciones que se han hecho en torno a empresas basadas en Web 2.0.

La creación de aplicaciones de Web 2.0 en el entorno de las redes sociales, ha generado un fenómeno cultural de amplio alcance. ComScore, empresa especializada en métricas en el mundo digital, publicó en agosto de 2008 un estudio sobre la utilización mundial de las redes sociales. Este estudio revela que durante el año 2007, el total de la audiencia de redes sociales creció en Norteamérica un 9%, mientras que en el resto del mundo en su conjunto tuvo un crecimiento de 25% (ComScore, 2008).

Facebook y Hi5 están a la cabeza entre los sitios con mayor crecimiento. Durante 2007 los dos sitios de redes sociales en Internet más populares mostraron un rápido crecimiento en sus bases de usuarios globales mediante el diseño de interfaces acordes a la cultura e idioma de los diferentes países del mundo. Facebook tuvo un crecimiento de 153%, mientras que Hi5 dobló el número de usuarios en tan sólo un año, de 28 a 56 millones. Otros sitios de redes sociales, entre ellos Friendster, Orkut y Bebo.com han mostrado importante crecimiento a nivel mundial (ver Tabla 3).

Tabla 3. Crecimiento mundial de redes sociales

	Miles de visitantes únicos		
	Jun-2007	Jun-2008	% Cambio
Usuarios de Redes Sociales	464,437	580,510	25%
Facebook.com	52,167	132,105	153%
Myspace.com	114,147	117,582	3%
Hi5.com	28,174	56,367	100%
Friendster.com	24,675	37,080	50%
Orkut	24,120	34,028	41%
Bebo.com	18,200	24,017	32%
Skyrock Network	17,638	21,041	19%

Fuente: ComScore (2008)

La Web 2.0 está también modificando la forma en que los usuarios perciben la publicidad y mercadotecnia. Las agencias publicitarias están adaptando sus campañas en analogía al funcionamiento de las comunidades sociales en Internet. Un estudio de Jupiter Research de mayo de 2007, titulado "Media consumption patterns: Online views with TV as primary medium", indica que la atención que dedican los consumidores al Internet es similar en porcentaje que la televisión. Sin embargo, los anunciantes continúan destinando la mayor parte de sus presupuestos publicitarios a la televisión y a los medios impresos. El reto para los anunciantes será crear anuncios donde los usuarios de los servicios y aplicaciones Web 2.0 jueguen un papel más activo y no sean meramente receptores de un comercial masivo.

Las redes sociales no sólo han tenido un impacto en los *internautas*, también las grandes corporaciones están intensificando su uso para establecer mejores medios de comunicación con sus empleados y clientes. Se observa una tendencia *que indica que*, de alguna manera, las redes sociales en el ambiente corporativo reemplazaran las intranets.

Muchos analistas llaman a la siguiente generación de la Web como *Web 3.0* o *Web semántico*. Este último término fue acuñado por Tim Berners-Lee, quien inventó el concepto www. En esencia está generación se caracteriza por el empleo de la inteligencia artificial y los mundos virtuales en las páginas Web, con lo cual se hace más rápida y fácil la búsqueda de contenido. Otras iniciativas en torno a la llamada inteligencia colectiva están dando lugar a conformar la Web 3.0, para dar lugar en el futuro a una siguiente generación designada como Web 4.0.

Tecnologías emergentes en el entorno de la convergencia digital

Tecnologías emergentes como la llamada *cloud computing*, que incluye tecnologías como *software as a service* (SaaS, por sus siglas en inglés) y *virtualización*, por mencionar algunas, se conjugan dentro de un entorno convergente, para dar lugar a plataformas altamente integradas con aplicaciones que se encuentran en fases incipientes, pero que muestran gran potencial de desarrollo en una sociedad sustentable.

Cloud computing se constituye como una plataforma tecnológica convergente, que permite ofrecer funciones de computación comunes, a través de servicios provistos desde Internet. Este tipo de computación ofrece servicios vía Web, de modo que los usuarios puedan acceder a aplicaciones disponibles "en la nube" (Internet), mediante un navegador Web. Además provee el acceso a las aplicaciones desde dicho navegador Web, mientras que el software de procesamiento y los datos se almacenan en los servidores del proveedor del servicio. Un clásico ejemplo de esto es Google Apps (Ramírez, 2008).

Por su parte, SaaS es un ejemplo de la aplicación del *cloud computing*. En este caso, el cliente de la nube es una estación de trabajo que puede acceder a una aplicación específica que no está físicamente en la estación de trabajo; a través de una conexión regular a Internet el cliente puede desempeñar y ejecutar todas las tareas. Otras aplicaciones con base en el cliente están también empezando a explotar la *cloud computing* en nube, como un medio de almacenamiento donde los datos están almacenados en la Web en vez de estar en una unidad de almacenamiento de un servidor local (Consumer Electronic Association [CEA], 2009). El éxito de la *cloud computing* depende, en gran medida, de las capacidades de ancho de banda y calidad de servicio de las conexiones a Internet, así como de la aceptación del usuario a un modelo de computación basado en el cliente.

Otras tendencias tecnológicas que están haciendo uso de modelos similares al *Cloud Computing* son:

- Administración de Contenido Basado en Web (WCM, por sus siglas en inglés).
- *Web oriented architectures* (arquitecturas orientadas a la Web).
- Sistemas operativos basados en el Web (Web OS).

- *Utility Computing.*
- *Grid Computing.*

Por último, la *virtualización de servidores* es una tecnología influida por la llamada *tecnología verde* (*green* IT), con la cual se pretende evitar el empleo excesivo de equipo y el gran consumo de recursos, como la electricidad y la refrigeración. La virtualización de servidores permite la instalación de (múltiples) sistemas operativos sobre un sistema operativo base.

La evolución de todas las tecnologías descritas en este capítulo transita hacia una plataforma convergente, estimulada por la búsqueda de la sociedad por encontrar mejores niveles de prosperidad. Esto da la oportunidad a que dichas tecnologías se conviertan en vehículos eficientes para contribuir al desarrollo sustentable del mundo.

Referencias

Becker, R. (2006). *ISDN history*. Recuperado el 23 de octubre de 2008
http://www.ralphb.net/ISDN/history.html

Consumer Electronic Association. (2009). *Five technology trends to watch 2009*.
Recuperado el 15 de febrero de 2009 de:
http://www.ce.org/Press/CEA_Pubs/135.asp

ComScore. (2008). *Social networking explodes worldwide as sites increase their focus
on cultural relevance*. Recuperado el 12 de agosto de 2008 de:
http://www.comscore.com/press/release.asp?press=2396

Encyclopædia Britannica. (2009). Aleksandr Popov. Recuperado el 19 de enero de
2009, de:
http://www.britannica.com/EBchecked/topic/470141/Aleksandr-Popov

Fundación de la Innovación Bankinter. (2007). Web 2.0 El negocio de las redes
sociales. Recuperado el 17 de septiembre de 2008 de:
http://www.ftforum.org/doc/web2_0.pdf

Goff, D. R. (2002). *Fiber optic reference guide* (3ra. ed.) Woburn, MA: Focal Press.

Herrera, E. (2006). *Introducción a las telecomunicaciones modernas*. México: Limusa.

Levine, G. (2001). *Computación y programación moderna*. México: Addison Wesley.

Martínez, E. (2004). *Vía satélite historia frecuencias órbitas estaciones terrenas*.
Recuperado el 16 de agosto de 2008 de:
http://www.eveliux.com/mx/via-satelite-historia-frecuencias-orbitas-estaciones-
terrenas.php

O'Brien, D. (s.f.). *5 Famous inventors (Who stole their big idea)*. Recuperado el 27 de
julio de 2008 de:
http://www.cracked.com/article_16072_5-famous-inventors-who-stole-their-big-
idea.html

O'Reilly, T. (2005, 30 de septiembre). *What is Web 2.0, design patterns and business
models for the next generation of software*. Recuperado el 24 de noviembre de 2008
de:
http://www.oreillynet.com/pub/a/oreilly/tim/news/2005/09/30/what-is-web-
20.html

Ramírez, J. A. (2008, octubre). Cloud computing. ¿Principio de un nuevo concepto para
adquirir TI? *Revista Red*, 21-25.

Republican Study Committee (2002, 11 de junio), *Legislative Bulletin*, 13 de marzo de 2008 de:
http://www.house.gov/hensarling/rsc/doc/Lb61102.pdf

Rojo, P. (2004). La red digital de servicios integrados (RDSI): una Apuesta tecnológica de la Unión Europea para el siglo XXI. *Razón y Palabra, 41.* Recuperado el 3 de mayo de 2008 de:
http://www.razonypalabra.org.mx/mundo/2004/octubre.html

Ruelas, A. L. (1995). *México y Estados Unidos en la revolución mundial de las telecomunicaciones.* Austin, TX: Universidad Autónoma de Sinaloa-Universidad Nacional Autónoma de México-University of Texas at Austin. Recuperado el 5 de junio de 2008 del sitio web de Texas University, Austin:
http://lanic.utexas.edu/la/mexico/telecom/index.html

Serrano, A. y Martínez, E. (2008). *La brecha digital: mitos y realidades.* México: Universidad Autónoma de Baja California.

Urstadt, B. (2008, Julio-agosto). Social networking is not a business. *Technology Review.* Recuperado el 22 de septiembre de 2008 de:
https://www.technologyreview.com/business/20922/

Otras lecturas recomendadas

Shepard, S. (2002). *Telecommunications Convergence: How to bridge the gap between Technologies and services.* Nueva York:Mc Graw-Hill.

Caballero, J. M. (1998). *Redes de banda ancha.* Barcelona: Alfaomega Marcombo.

Forouzan, B. A. (2002). *Transmisión de datos y redes* (2a. ed.) Madrid: McGraw-Hill.

Capítulo 4

La convergencia digital y sus implicaciones en la empresa

En este capítulo se presenta el impacto de la convergencia digital en el ámbito empresarial a nivel global. Lo que aquí se expone es el estudio de las relaciones entre la convergencia digital y la llamada agresividad estratégica, con la capacidad de respuesta organizacional y el rendimiento financiero, dentro de un marco de innovación empresarial.

Las innovaciones tecnológicas descritas en el Capítulo 3 de este libro son algunas que han revolucionado la industria de las TIC. Además, han afectado significativamente industrias predominantes; por ejemplo, el transistor (y la eventual creación de los circuitos integrados) contribuyó a la desaparición de los tubos de vacío.

Como se observa en la Tabla 4, Schumpeter (1934, 1942) describe las épocas de cambios tecnológicos como revoluciones industriales sucesivas. En relación a dicha tabla, se puede ver que desde 1990 se ha experimentado la denominada *Quinta época de Kondratieff*, caracterizada por el surgimiento de una gran variedad de innovaciones tecnológicas en microelectrónica, computadoras y redes globales de investigación y desarrollo (I+D).

Tabla 4. Épocas sucesivas de cambios tecnológicos

Tiempos aproximados	Épocas Kondratieff	Ciencia/tecnología Educación y entrenamiento
Primera: 1780–1840	Revolución industrial: fábricas para la producción de textiles.	Aprendices.
Segunda: 1841–1890	Época de las máquinas de vapor y ferrocarriles.	Mecánicos profesionales e ingenieros civiles.
Tercera: 1891–1940	Época de electricidad y acero.	Laboratorios Industriales de I+D, nacionales y de estándares.
Cuarta: 1941–1990	Época de producción en masa y materiales sintéticos.	I+D industriales y gubernamentales de gran escala.
Quinta: 1991–?	Época de microelectrónica y redes de computadoras.	Redes globales de I+D, educación y entrenamiento permanentes.

El uso de las TIC propicia cambios en la estructura de las empresas; por consiguiente los usuarios se hacen cada vez más dependientes de los sistemas digitales sobre los que se desarrollan bases de conocimiento, métodos de aprendizaje y programas para tomar decisiones. Además, la convergencia digital, entre otras discontinuidades históricas significativas como la globalización, demanda nuevos retos a los usuarios, forzándolos a crear nuevas capacidades, prácticas de negocios y talentos (Prahalad, 1998). Efectivamente, la combinación de la computadora personal, el microprocesador, el Internet y la fibra óptica fomentan y demandan nuevos talentos para la generación de valor agregado (Friedman, 2006, p. 208).

Mientras que las ventajas potenciales de la convergencia digital son indiscutibles, aún tienen que ser demostradas empíricamente, y las ganancias y ahorros prometidos tendrán que documentarse de manera apropiada (Fowler, 2005). Por lo tanto, es importante preguntarse, como lo hace David Yoffie (1997, p. 1): ¿Es la convergencia una verdadera revolución tecnológica que transformará la economía empresarial o global?, ¿Qué deben hacer los gerentes de empresas o líderes corporativos para prepararse en ambientes tecnológicos más competitivos y asegurar el rendimiento financiero óptimo de sus empresas a mediano y a largo plazo?

Una de las contribuciones esperadas de la convergencia digital a la actividad empresarial, es proveer mayores rendimientos cuando la agresividad estratégica y la capacidad de respuesta organizacional están alineadas con el entorno *turbulento* de la industria. Para entender mejor este escenario, es útil presentar algunas definiciones clave:

- *Administración* o *gerencia estratégica* es un proceso utilizado para administrar de manera óptima la relación de una organización pública o privada con su entorno turbulento. Gerencia estratégica consiste en: (1) planeación estratégica; (2) planeación de capacidades; y (3) administración de los cambios requeridos durante la implementación de los planes.

- *Agresividad estratégica* de una empresa, de acuerdo con Ansoff y McDonnell (1990, p.32), tiene dos características:

  1. El grado de discontinuidad del pasado histórico respecto a los nuevos productos/servicios, entornos competitivos y estrategias mercantiles.

  2. La introducción oportunista de los nuevos productos/servicios en relación con los nuevos productos/servicios que han aparecido en el mercado.

- *Capacidad* (de empresas, líderes corporativos o gerentes) en el ámbito de empresas es el volumen de trabajo que una organización puede llevar a cabo en un momento determinado. A nivel gerencial, es la motivación, habilidad y capacidad para administrar los cambios en una empresa.

- *Capacidad estratégica* fue definida por Ansoff y McDonnell (1990, p. 262) como la tendencia y habilidad de una empresa para involucrarse en un comportamiento que optimizará la obtención de los objetivos a corto y largo plazo.

- *Tipos de tecnología*, se pueden clasificar como:

  → *Fértil*. Es la tecnología caracterizada por una frecuente innovación de productos.

  → *Estable*. Es la tecnología que permanece sin cambios desde su concepción hasta la etapa de madurez en el ciclo de demanda.

$\rightarrow$ *Turbulenta.* Es la tecnología en donde el ciclo es corto en comparación al ciclo de demanda.

▪ *Turbulencia* se define como el cambio en un entorno, caracterizado por el grado de novedad de los retos y la velocidad en que éstos se desarrollan.

Para llevar a cabo un análisis del impacto de la convergencia digital en un entorno empresarial, se utilizan dos fundamentos teóricos principales:

1) La *hipótesis de éxito estratégico*, la cual señala que cuando la turbulencia de la industria, la agresividad estratégica y la capacidad de respuesta organizacional están alineadas, se espera que el rendimiento de la empresa sea óptimo.

2) La teoría basada en el conocimiento (KBT, por sus siglas en inglés).

Así mismo, los mecanismos, los procesos y las dimensiones estratégicas de tecnología utilizados en este análisis para alinear las estrategias corporativas con las estrategias tecnológicas son: las capacidades de mejoramiento tanto continuos como *Schumpeterianos*, la perspectiva de la empresa basada en recursos (RBV, por sus siglas en inglés), así como los efectos de la adopción y utilización de las tecnologías de la información en el rendimiento financiero empresarial.

Turbulencias del entorno y de la industria tecnológica

La industria de las TIC entró en una gran recesión al inicio del siglo XXI, debido principalmente a la excesiva inversión económica y a los fracasos de los negocios en las compañías de *software*, Internet y telecomunicaciones. Sin embargo, esta industria se ha recuperado; prueba de ello es el aumento significativo en los niveles de innovación de los últImos años.

La industria de las TIC aprovecha la interacción de organizaciones, tecnologías, productos y consumidores. En contraste con el entorno vertical, integrado en las décadas de 1960 y 1970, la industria actual está dividida en un gran número de segmentos que producen componentes, sistemas y servicios especializados (Lansiti y Richards, 2006).

El entorno de las TIC es la suma de componentes tales como: los poderes judicial y político/legislativo, organizaciones de estándares, agencias regulatorias, tecnológicas y de investigación, clientes residenciales y empresariales, fabricantes, proveedores de servicios, vendedores y consultores (Goldman, 1998, p. 5).

Ansoff y McDonnell (1990) definieron la "turbulencia del entorno" en cinco niveles: 1) repetitivo; 2) en expansión; 3) cambiante; 4) discontinuo; y 5) sorpresivo. Las características de estos niveles se describen como una medida combinada de discontinuidad, previsibilidad y la frecuencia de los cambios en el entorno en el que opera la empresa. En el nivel de turbulencia menor (1) el entorno es tranquilo y la empresa se puede enfocar al mercado conocido; los retos sucesivos son una repetición del pasado, los cambios son más lentos que la habilidad de la empresa para responder, y se espera que el futuro sea una réplica del pasado. En el nivel de turbulencia mayor (5), un número pequeño pero importante grupo de industrias (que va en aumento) son creadoras de progreso económico y tecnologías innovadoras.

Además, en un entorno caracterizado por cambios tecnológicos rápidos y quebrantadores, las empresas tienen que adquirir nuevas capacidades tecnológicas y explorar nuevas oportunidades de negocios, para mantenerse con ganancias en el largo plazo (Vanhaverbeke y Peeters, 2005).

En la definición de Asoff y McDonnell (1990) de la *turbulencia del entorno,* no se consideraron otros modelos de ventaja competitiva, como el propuesto por Michael Porter (1980), en el que las cinco fuerzas competitivas se enfocan a mercados históricos, y en el cual se considera que el futuro es una réplica del pasado, no es discontinuo y es impredecible. Por lo tanto, se debe evitar la condición de "miopía estratégica", donde la percepción del entorno es muy limitada para predecir acertadamente los niveles actuales y futuros de turbulencia, guiándose por expectativas potenciales de rendimiento inexactas (Ansoff et al., 1993, p. 120).

Estrategias empresariales y capacidades tecnológicas convergentes

Algunas investigaciones asumen que los gerentes ejecutivos perciben su entorno de manera adecuada y formulan estrategias con base en sus propias percepciones (Sutcliffe, 1994). Los criterios y las percepciones de los líderes corporativos y gerentes técnicos, se ven afectados por su propia cultura estratégica, personalidad, mentalidad y sus experiencias. Por ejemplo, los gerentes ejecutivos tienden a ver la introducción de TIC como un imperativo económico, mientras que los gerentes técnicos tienden a verlo como un imperativo tecnológico.

Por lo tanto, existen mecanismos y procesos en la *Teoría basada en el conocimiento* (*Knowledge-based Theory* o KBT) para alinear las estrategias corporativas con las estrategias tecnológicas. Es decir, son dos procesos: la participación de los gerentes técnicos en el planteamiento estratégico, así como la participación de los gerentes ejecutivos en el planteamiento tecnológico (Keams y Lederer, 2003). El contexto del conocimiento facilita la integración de procesos, así como los resultados de la misma (Reich y Benbasat, 1996, 2000; Sabherwal y Kearns, 2007). Un resultado importante de esta integración es la alineación del plan tecnológico con las metas y los objetivos empresariales.

A continuación se describen algunas funciones utilizadas para alinear estrategias corporativas con estrategias tecnológicas.

Las prioridades estratégicas provienen de la visión y misión de la empresa. Conforme el entorno de la empresa cambia, las prioridades estratégicas también lo hacen. Tres prioridades estratégicas de las empresas son objetivos de rendimiento: crecimiento, ganancias y efectividad en innovación y desarrollo.

La definición de *metas* es clave para alinear las estrategias tecnológicas con la misión de la empresa, los objetivos y las prioridades estratégicas. Algunas de las herramientas y los métodos utilizados para esta alineación eficiente son tecnologías emergentes, tales como la modelación de componentes empresariales (*component business modeling*) y arquitecturas orientadas a servicios (*services oriented architectures*), acopladas a estándares específicos de la industria (Von Kanel, 2006). Dos ejemplos de estándares específicos de la industria son: la biblioteca de infraestructura de las tecnologías de la información (*information technology infrastructure library*) y los objetivos de control para información y tecnología relacionada (*control objectives for information and related technology*).

La capacidad de la gerencia se puede ver afectada por factores estratégicos, como: el involucramiento en la administración de innovaciones, la experiencia en administración de la tecnología, la cultura de innovación, la administración de proyectos, el control estratégico, los sistemas de información y el presupuesto para innovación. De ahí que se observa la importancia de estimular una visión convergente en el entorno empresarial.

Acoplamiento de investigación y desarrollo

Los diferentes elementos de la investigación y el desarrollo de una empresa, incluyendo la emisión de patentes, procesos de diseño comercial, mercadotecnia, servicios y entrenamiento, deben de acoplarse a través de cinco funciones críticas identificadas dentro de las actividades de innovación tecnológica. Los líderes corporativos de las empresas deben poseer capacidad estratégica para ser generadores de ideas, emprendedores, líderes de proyectos, auditores y patrocinadores o entrenadores. De acuerdo con Roberts y Fusfeld (1982), cada función debe ser adquirida, administrada y apoyada de manera diferente; distintos tipos de incentivos deben ser ofrecidos, y a su vez supervisados con diferente tipo de medidas y controles.

Agresividad estratégica

Agresividad estratégica se define como: el uso de herramientas, técnicas y conocimientos en la empresa, para posicionarse con ventajas competitivas dentro de la industria y cambiar la actitud ejecutiva respecto a la convergencia.

De acuerdo con Ansoff y Antoniou (2004), el avance tecnológico derivado del dinamismo competitivo puede ser progresivo o discontinuo. En el primero prevalecen extensiones de tecnologías existentes, y en el segundo, que emergen invenciones de nuevas tecnologías.

Mientras que la gerencia general es responsable de la dirección estratégica, con frecuencia falla en el proceso de innovación tecnológica, tanto en industrias con tecnologías estables como en industrias con tecnologías fértiles (Ansoff, 1972). Por un lado, el enfoque de empresas dedicadas a explotar tecnologías estables es utilizar y ampliar innovaciones tecnológicas solamente (Tellis y Golder, 2001), y se espera que prevalezcan extensiones de tecnologías existentes. Por el otro, el enfoque de empresas dedicadas a explotar tecnologías fértiles, es que las innovaciones tecnológicas son uno de los factores determinantes de éxito (Kahaner, 1996), y es común que emerjan nuevas tecnologías.

Wen y Shih (2006) argumentan que una planeación tecnológica exitosa se considera como un factor determinante para obtener ventaja competitiva y capacidad innovadora. La identificación de las TIC requeridas y la

89

asignación de los recursos a la investigación, son dos decisiones importantes en la planeación estratégica de una empresa. Solamente con un buen entendimiento de la posición tecnológica, la empresa podrá tomar decisiones efectivas de asignación de recursos y conservar su liderazgo. Aunque las demandas, la posición y los recursos tecnológicos se consideran, generalmente, como parte de la prioridad tecnológica, las preferencias políticas, conocidas como "influencias", pueden ser factores fundamentales y tener absoluto control en la toma de la decisión final.

Capacidad estratégica

La capacidad estratégica se define como la tendencia y habilidad de la gerencia y los líderes corporativos para involucrarse en un comportamiento que optimizará la obtención de los objetivos de la empresa, a mediano y largo plazo. Esto se logra a través de capacidades *schumpeterianas*, de mejoramiento continuo y de capacidades de explotación y exploración.

La literatura sobre gerencia estratégica ha abordado extensivamente el concepto de *capacidades distintivas* y su función en el proceso estratégico, particularmente en relación con la *generación de ventaja competitiva*. El desarrollo de una cultura innovadora que fomenta proyectos de generación de conocimiento, requiere un cambio en el estilo gerencial, políticas de liderazgo, planes de entrenamiento y modelos adecuados para desarrollar innovaciones (Marques, Garrigos y Devece, 2006; Dosi, Teece y Winter, 1992) que distingan entre capacidades estáticas y dinámicas. Las estáticas representan los talentos organizacionales para replicar tareas realizadas previamente. Por su parte, las capacidades dinámicas son los talentos organizacionales para integrar, construir, adaptar y reconfigurar sus recursos, así como para responder rápidamente a cambios en el entorno. Estos talentos se enfocan explícitamente al aprendizaje y el desarrollo de nuevos productos y procesos.

Las capacidades de innovación se componen de dos dimensiones: 1) capacidades schumpeterianas y 2) capacidades de mejoramiento continuo (Chandy y Tellis, 1998; Damanpour, 1996; Gopalakrishnan y Damanpour, 1997). Las capacidades schumpeterianas se basan en las acciones de crecimiento radical del conocimiento y aprendizaje generativo. Estas capacidades generan cambios discontinuos en una organización al desarrollar nuevas habilidades tecnológicas o empresariales.

Las capacidades de mejoramiento continuo se basan en las acciones de crecimiento progresivo del conocimiento. Generan cambios marginales en una empresa al mejorar las habilidades de las actividades que en ella se desempeñan.

Algunas de las capacidades *schumpeterianas* consideradas por Marques et al. (2006) son las siguientes:

- Administración del conocimiento. Capacidad para desarrollar programas de administración del conocimiento garantizando la generación de tecnología o para adquirirla de otras empresas.
- Evaluación de conocimiento. Capacidad en innovación, especialmente respecto a tecnologías de punta, y capacidad para deshacerse de conocimientos obsoletos, estimulada por la búsqueda de innovaciones alternas.
- Dinamismo tecnológico. Capacidad para innovar y competir al ampliar el portafolio de productos y tecnologías, en vez de responder a los requerimientos de presiones competitivas de mercado.
- Transmisión de conocimiento basado en TIC. Capacidad en el uso de tecnologías para mejorar el flujo de la información, desarrollar mecanismos efectivos para compartir conocimiento y promover la comunicación entre miembros de la empresa.
- Monitoreo tecnológico. Capacidad para obtener información acerca de la situación y el progreso en ciencia y tecnologías relevantes, a través de sistemas de monitoreo tecnológico.
- Innovación de productos y procesos. Capacidad para desarrollar cambios progresivos en productos y procesos tecnológicos.

En cuanto a la innovación de productos tecnológicos, Zahra, Ireland y Hitt (2000) consideraron lo siguiente:

- Aumentar el conocimiento y las habilidades en productos y tecnologías familiares.
- Invertir en mejorar habilidades en la explotación de tecnologías maduras que mejoran la productividad de las operaciones actuales en innovación.
- Mejorar las capacidades en la búsqueda de soluciones similares a las existentes, en vez de buscar soluciones completamente nuevas.

- Mejorar las habilidades en procesos de desarrollo de productos tecnológicos, donde la empresa ya tiene experiencia significativa.
- Aumentar los conocimientos y las habilidades en proyectos que mejoren la eficiencia de actividades existentes en innovación.
- Adquirir tecnologías de manufactura y habilidades totalmente nuevas a la empresa.
- Aprender habilidades de desarrollo de productos y procesos tecnológicos totalmente nuevos para la industria (tales como diseño de productos, prototipos, introducción de productos nuevos y mejorados al mercado).
- Adquirir habilidades gerenciales y operacionales totalmente nuevas, que son importantes para el proceso de innovación tecnológica (tales como la coordinación de las funciones de innovación y desarrollo, etc.).

De lo anterior se observa una relación estrecha entre la adopción de una cultura de innovación en la empresa con los procesos de convergencia digital. A continuación se presenta la perspectiva empresarial en torno a la adopción de la convergencia digital.

Convergencia digital en la perspectiva empresarial

Convergencia digital, desde la perspectiva empresarial, se puede definir como la habilidad de los usuarios para acceder a una gran variedad de servicios de comunicación, información, y/o entretenimiento, con una calidad consistente, sin importar los dispositivos utilizados, el medio físico por los que se transmiten las aplicaciones o su ubicación.

Por su parte, la administración del conocimiento o *knowledge Management* (KM, por sus siglas en inglés) es un concepto intrínsecamente convergente que abarca aprendizaje y comportamiento organizacional, estrategia empresarial, sociología, etcétera (Argote, McEvily y Reagans, 2003). Un sistema de KM (KMS) incluye el componente de las TIC y otros factores clave organizacionales que complementan la tecnología. Las tecnologías avanzadas (p. e., intranet, técnicas de búsqueda inteligentes, portales, entre otras) pueden implementarse exitosamente a través de KMS para administrar el conocimiento en empresas y entre individuos (Kulkarni, Ravindran y Freeze, 2006).

En la administración del conocimiento, la convergencia digital facilita y reduce la distancia a tres niveles: distancia física, distancia sicológica-social y distancia cultural. La distancia física se puede reducir a través de comunicación y el intercambio de información, utilizando medios de voz tales como teléfonos fijos, móviles u otro tipo de dispositivos que requieren acceso a internet. Los beneficios sociales que reducen la distancia son entre emisor y receptor, ya que los pone en una misma plataforma de comunicación. Como consecuencia, se manifiestan cambios en el sistema de valores, y se reduce la distancia cultural entre diferente tipo de gente (Anand y Parashar, 2006).

Para obtener ventaja de la convergencia digital, industrias y empresas tienen que ajustarse y proponer combinaciones creativas de viejas y nuevas tecnologías, canales de distribución y capacidades corporativas. Además, la competencia en las nuevas industrias digitales se dará a través de redes de comunicación. Si existen múltiples estándares habrá menor habilidad para comunicarse e interactuar (Yoffie, 1997).

De acuerdo con MacLaghant (1998), Markus (2000), y Seeley (2000), la integración de sistemas puede definirse como la unificación de los sistemas y la base de datos de la compañía para mejorar el flujo de procesos, y poder enfocarse en servicios al cliente. Schmidt (2000) por su parte considera que, la integración puede llevarse a cabo en los siguientes cuatro niveles de maduración:

- Integración punto a punto. Este nivel establece una estructura básica para el intercambio de información entre aplicaciones, aunque sin ninguna inteligencia asociada a la infraestructura.
- Integración estructural. Este nivel utiliza herramientas de *middleware* más avanzadas para estandarizar y controlar el intercambio de información entre aplicaciones.
- Integración de procesos. A este nivel, las empresas han hecho la transición de compartir información entre aplicaciones, a manejar el flujo de información entre aplicaciones.
- Integración externa. A este nivel, las empresas realizan integración externa a través de aplicaciones en tiempo-real, transformación de procesos, y nuevas estructuras enfocadas al cliente para redefinir la organización de la empresa.

A estos niveles se propone incorporar un quinto:
Integración no predecible. A este nivel se utilizan nuevas herramientas para la integración de sistemas, debido a que tecnologías innovadoras aparecen constantemente (Mendoza, Perez y Griman, 2006).

Aprovechamiento de la convergencia digital en el rendimiento de las empresas

De acuerdo con una encuesta acerca de la convergencia de dispositivos fijos y móviles, *fixed-mobile convergence* (FMC), realizada por Dyer y Kotlyar (2007), ésta es tecnología emergente con servicios de valor agregado útiles, pero no es una prioridad en los planes de los gerentes de las TIC. El mercado está muy enterado de la FMC, y muchas empresas la están considerando; muchas creen en sus beneficios, pero son escépticas del retorno de su inversión.

Es práctica común que las empresas se propongan dos objetivos de rendimiento: (1) el crecimiento, expresado típicamente como la tasa porcentual de crecimiento futuro de ventas anuales; y (2) las ganancias, que se expresan en términos de la relación entre las ganancias netas y la inversión monetaria (Ansoff y McDonnell, 1990). La variable rendimiento considera los beneficios, factores y metas de la convergencia tecnológica.

A pesar de las grandes inversiones monetarias en la implantación de la convergencia digital en una empresa, es difícil demostrar los efectos de dicha inversión en el rendimiento empresarial o en la economía global. A lo largo de los años, varios estudios de investigación han respondido a este reto, al investigar el impacto de las TIC sobre el rendimiento financiero (Alpar y Kim, 1990; Barua, Kriebel y Mukhopadhyay, 1995). Dichos estudios han adoptado diferentes enfoques conceptuales, teóricos y analíticos, y empleado diferentes metodologías con múltiples niveles de análisis. Sin embargo, los estudios empíricos han reportado generalmente resultados en conflicto e inconclusos.

Aunque estudios recientes de la relación entre las TIC y el rendimiento organizacional han reportado efectos positivos y significativos de tales inversiones (Alpar y Kim, 1990; Barua et al., 1995; Brynjolfsson y Hitt, 1995; Lichtenberg, 1995), la investigación empírica en los impactos económicos, no ha revelado un patrón consistente en el mejoramiento de la productividad a través de inversiones en las TIC (Loveman, 1994; Roach, 1987). Sin embargo, como lo indica el estudio realizado por Devaraj y Kholi (2003, p. 274), la literatura de los efectos de la inversión en las TIC no ha considerado el uso ni los efectos de su adopción. Por ejemplo, resultados conflictivos de investigaciones empíricas recientes pueden deberse a la utilización de la cantidad monetaria invertida en las TIC como variable independiente, en lugar de utilizar el nivel de adopción actual (Ataay, 2006).

94

Los principales indicadores para la adopción y el uso de las TIC, también llamados *aceptación de las TIC*, son: satisfacción del usuario y uso del sistema. DeLone y McLean (1992) elaboraron un esquema para medir el grado de aceptación de un sistema de información o una herramienta de las TIC. Para investigar los factores que los ejecutivos de las empresas consideran para aceptar innovaciones en las TIC, Pijpers y Montfort (2006) desarrollaron un modelo de investigación teórica basado en el *modelo de aceptación de tecnología* elaborado por Davis (1989). Este modelo categoriza características individuales, organizacionales, relacionadas con tareas, y de recursos. Estas últimas se subdividen en:

- Accesibilidad.
- Proceso de implementación.
- Interfaz con el usuario.
- Percepción en la facilidad de uso.
- Actitud hacia el uso.

Whitworth, Fjermestad y Mahinda (2006), señalan que en 1992 el entonces director ejecutivo de Apple Computer, John Sculley, introdujo el dispositivo llamado Newton, diciendo que la *portabilidad* (flexibilidad) era la meta del futuro. Aunque estaba en lo correcto, el pequeño teclado hizo difícil la captura de datos, y el reconocimiento de escritura era muy raquítico. El avance de la flexibilidad fue neutralizado por su difícil uso, y en 1998 Apple descontinuó la línea de producción debido al rendimiento tan pobre de Newton en el mercado. Posteriormente, cuando el dispositivo Graffiti de la compañía Palm resolvió el problema de uso, el asistente digital personal o *personal digital assistant* (PDA) revivió; aunque, actualmente, los PDA están amenazados por los teléfonos celulares que cuentan con mejor conectividad. Por su parte, Whitworth *et al.* desarrollaron un modelo multidimensional con ocho metas de rendimiento, llamado Red de rendimiento sistémico o *Web of system performance* (WOSP), el cual se describe por:

- Extensibilidad.
- Seguridad.
- Flexibilidad.
- Confiabilidad.
- Funcionalidad.
- Usabilidad.
- Conectividad.
- Privacidad.

En cuanto a la aplicación de servicios convergentes en el entorno empresarial, Lemelin (2006), considera que la integración de servicios de voz, datos y video a través de una red común puede reducir costos. Además, reduce la cantidad de elementos de la red a ser administrados. Igualmente se observa una convergencia entre servicios fijos y móviles, trayendo consigo los siguientes beneficios para las empresas:

- Ahorro considerable.
- Apoyo a los empleados que trabajan fuera del corporativo (de forma remota).
- Plan de recuperación en caso de desastre.
- Tecnología efectiva que permite conectarse a la red corporativa.
- Mejor servicio al cliente.
- Mejor colaboración con clientes, proveedores y socios.
- Protección a la inversión.
- Tecnología estable y confiable por la madurez que han alcanzado la implementación de redes convergentes.

Cuando la convergencia digital se aprovecha en una empresa, su agresividad estratégica, así como la capacidad estratégica de sus gerentes y líderes corporativos son mayores. Este aumento genera a su vez un rendimiento mayor. Por lo tanto, cuando la agresividad estratégica y la capacidad de respuesta organizacional (capacidad estratégica) están alineadas con la turbulencia de un escenario convergente, el rendimiento de la empresa tenderá a ser óptimo.

En la Tabla 5 se muestra sombreada la alineación estratégica con un nivel de turbulencia determinado. Las brechas amplias entre los niveles adecuados y los actuales, indicarán que una empresa no está preparada para tener una ventaja competitiva en el futuro (Ansoff, Lewis y Antoniou, 2004).

Tabla 5. Rendimiento óptimo a través de *alineación estratégica*

	Nivel de turbulencia				
	1	**2**	**3**	**4**	**5**
Característica del entorno	Repetitivo, familiar	En expansión, extrapolable	Cambiante, predecible	Discontinuo, parcialmente predecible	Sorpresivo, impredecible
Agresividad estratégica	Estable, basado en precedentes	Reactivo, basado en experiencia	Anticipativo, basado en extrapolación	Emprendedor, basado en futuros posibles	Creativo, basado en creatividad
Capacidad estratégica	Custodio, se basa en precedentes; suprime cambios, busca estabilidad	Productivo, se basa en eficiencia; se adapta al cambio, busca eficiencia operativa	Mercadólogo se basa en el mercado; busca cambios familiares y eficiencia operativa	Estratégico, se basa en el entorno; busca nuevos cambios y eficiencia estratégica	Flexible, busca la creación de entornos, cambios novedosos y eficiencia estratégica
Convergencia tecnológica	Básica, estructura sin inteligencia	*Middleware*, herramientas más avanzadas	Manejo del flujo de información entre aplicaciones	Integración externa, nuevas estructuras	Nuevas herramientas, tecnologías innovadoras

Los resultados de estas hipótesis son congruentes con el entorno turbulento de las tecnologías de la información, que a través de múltiples innovaciones microradicales han logrado la convergencia de las redes, los servicios, las aplicaciones y los dispositivos debido al aprovechamiento de las redes basadas en el protocolo de Internet (TCP/IP) (*transmit control protocol/internet protocol*), y mediante tecnologías denominadas *orientadas a conexión*, tales como MPLS (*multiprotocol label switching*), así como tecnologías inalámbricas de nueva generación basadas en dicho protocolo, conocidas como 3G o 4G.

Además, compañías de alta tecnología están implementando la red IP de la siguiente generación conocida como IPv6, que acomodará la demanda creciente de dispositivos y aplicaciones con acceso a Internet en los siguientes años. El subsistema de multimedios IP (IMS, por sus siglas en inglés) es otra tecnología clave para la convergencia tecnológica.

En relación a la convergencia digital en el ámbito de las comunicaciones inalámbricas, el sistema global para comunicaciones móviles o *global system for mobile communications* (GSM) y el sistema de telecomunicaciones móvil universal o *universal mobile telecommunications system* (UMTS), con tecnología de acceso de paquetes a una alta velocidad (*high speed packet access* o HSPA) se han convertido en las principales soluciones de comunicaciones móviles. Los proveedores de estos servicios continúan evolucionando, alineándose con tecnologías 4G, tales como: *worldwide interoperability for microwave access* (WiMAX), *Qualcomm's ultra mobile broadband* (UMB), o a la plataforma de radio del proyecto de la Asociación de la Tercera Generación, llamado *Long term evolution* (LTE).

Con el incremento proyectado en el uso de tecnologías inalámbricas de la siguiente generación, la demanda del espectro electromagnético requerido se incrementará también. En el caso de Estados Unidos de América, la FCC realizó en febrero de 2008 subastas de licencias en la banda de 700 MHz. La experiencia internacional en este caso, fue crear las condiciones de la subasta que ayudarán a crear un mercado competitivo que fomente la innovación y reduzca la brecha digital, y en el cual la convergencia digital juega un papel fundamental.

Las aplicaciones y la convergencia de las tecnologías móviles inalámbricas con el Internet, estimularán la adopción de innovaciones en las TIC. Igualmente, aparecerán innovaciones derivadas de nuevos mecanismos empresariales, como el promovido por Google, con más de 30 compañías, llamado *open handset alliance*, que permitirá a programadores desarrollar aplicaciones en un ambiente común denominado "Android."

Los gerentes y líderes corporativos deben entender el nuevo escenario compuesto por la digitalización y la convergencia global. Por su parte, la convergencia digital incide en el crecimiento de las economías, genera demanda de ancho de banda y permite reducir costos. Los proveedores de servicios convergentes deben enfocarse en acceso inalámbrico, servicios a negocios, Internet de alta capacidad, transmisión de video y publicidad por medios electrónicos.

Además, como se ha mencionado en este capítulo, el rendimiento de las pequeñas y medianas empresas (PYMES) tiende a ser óptimo cuando la agresividad estratégica, y la capacidad estratégica, están alineadas con el entorno turbulento de la convergencia tecnológica. Por ello, gerentes y líderes corporativos deberán incorporar en sus modelos de negocios convergentes: movilidad diferenciada, interactividad transparente al usuario, mayor funcionalidad, escalabilidad y bajo costo.

Por ejemplo, se puede establecer un ciclo convergente para la generación de crecimiento en una empresa, en distintos pasos: 1) implementar redes de datos de alta velocidad y nuevas aplicaciones que demandarán más ancho de banda; 2) agregar acceso móvil a dicha red; 3) expandir las aplicaciones móviles; 4) incrementar la penetración inalámbrica; 5) exigir un ancho de banda progresivo; y continuar con el paso 2.

La agresividad y capacidad estratégica de gerentes y líderes corporativos, están asociadas con la exploración de nuevas oportunidades de negocios y la implementación de estrategias de convergencia tecnológicas, tanto para acaparar mercados, como para mantenerse con ganancias netas y un crecimiento en el mediano y largo plazo.

Los gerentes y líderes corporativos pueden implementar estrategias de convergencia digital a través de la Biblioteca de Infraestructura de las Tecnologías de Información (ITIL, por sus siglas en inglés), y la de Objetivos de Control para las Tecnologías de la Información (COBIT, por sus siglas en inglés), el Modelo de Integración de Capacidad y Madurez (CMMI, por sus siglas en inglés), Six Sigma, etcétera.

Así mismo, los gerentes y líderes corporativos pueden utilizar los mecanismos, procesos y las dimensiones estratégicos de la *Teoría basada en el conocimiento* para alinear las estrategias corporativas con las estrategias tecnológicas, tales como las capacidades de mejoramiento, tanto continuos como *schumpeterianos*, RBV, así como los efectos de la adopción y el uso de tecnologías de la información en el rendimiento financiero empresarial.

Por lo que, una vez que los usuarios adopten la convergencia digital en sus lugares de trabajo, deberán cerciorarse que los servicios y las aplicaciones sean seguros y confiables; así mismo que sus versiones de *software* se actualicen periódicamente de manera transparente. También, los usuarios deben tener la disponibilidad de comunicarse sin problemas a través de cualquier red y con cualquier dispositivo, es decir, aprovechar los beneficios de un entorno global, digital y convergente.

Referencias

Alpar, P. y Kim, M. A. (1990). A microeconomic approach to the measurement of information technology value. *Journal of Management Information Systems 7* (2), 55-69.

Anand, S. y Parashar, V. (2006, marzo). Integrating local and global knowledge through ICT: Implications for rural business and development. *IIMB Management Review,* 85-93.

Ansoff, H. I. (1972). The concept of strategic management. *The Journal of Business Policy, 2* (4), p. 3; T. Khalil, Management of Technology (New York, McGraw Hill, 2000).

Ansoff, H. I y McDonnell, E. (1990). *Implanting strategic management* (2a ed.). London: Prentice Hall International.

Ansoff, H. I., Sullivan, P., Antoniou, P., Chabane, H., Djohar, S., Jaja, R., Lewis, A., Mitiku, A., Salameh, T., y Wang, P. (1993). *Empirical support for a paradigmic theory of strategic success behaviors of environment serving organizations.* International Review of Strategic Management, Volumen (4) 173-203.

Ansoff, H. I, Lewis, A. y Antoniou, P. H. (2004). *Strategic management.* Ann Arbor, Michigan: XanEdu Original Works.

Argote, L., McEvily, B. y Reagans, R. (2003). Managing knowledge in organizations: An integrative framework and review of emerging themes. *Management Science, 49* (4), 571-582.

Ataay, A. (2006). Information technology business value: Effects of IT usage on labor productivity. *The Journal of American Academy of Business, 9* (2), 230-237.

Barua, A, Kriebel, C. H y Mukhopadhyay, T. (1995). Information technologies and business value: An analytical and empirical investigation. *Information Systems Research, 6,* (1), 3-23.

Brynjolfsson, E. y Hitt, L. (1995). Information technology as a factor of production: The role of differences among firms. *Economics of Innovation and New Technology, 3* (4), 183-200.

Chandy, R. K. y Tellis, G. J. (1998). Organizing for radical product innovation: The overlooked role of willingness to cannibalize. *Journal of Marketing Research, 35* (44), 474-487.

Damanpour, F. (1996). Organizational complexity and innovation: Developing and testing multiple contingency models. *Management Science, 42,* (5), 693-716.

Davis, F. D. (1989). Perceived usefulness, perceived ease of use, and user acceptance of information technology. *MIS Quarterly, 13* (5), 319-339.

DeLone, W. H. y McLean, E. R. (1992). Information system success: The quest for the dependent variable. *Information Systems Research, 3* (1), 60-95.

Devaraj, S. y Kholi, R. (2003). Performance impacts of IT: Is actual usage the missing link? *Management Science, 49* (3), 273-289.

Dosi, F., Teece, D. J y Winter, S. (1992). Towards a theory of corporate coherence: Preliminary remarks. En F. Dosi, R. Riannetti y P. A. Toninelli (Eds.). *Technology and enterprise in a historical perspective* (pp. 185-211). Oxford: Clarendon Press.

Dyer, N. y Kotlyar, B. (2007). Anywhere enterprise-Large: 2007 US Fixed-mobile convergence survey. (Reporte de Invest.): Yankee Group Research

Fowler, T. B. (2005). Convergence in telecommunications: Meaning, history, present status, future rollout. Recuperado el 24 de junio de 2005, de
http://inet.intl.att.com/convergence/documents/Press/Convergence%20in%20Teleco mmunications.pdf

Friedman, T. (2006). *The world Is flat: A brief history of the twenty-first century.* New York: Farrar, Straus and Giroux.

Gopalakrishnan, S. y Damanpour, F. (1997). Patterns of generation and adoption of innovations in organizations: Contingency models of innovation attributes. *Journal of Engineering and Technology Management, 11,* 95-116.

Iansiti, M., y Richards, G. (2006). The information technology ecosystem: Structure, health and performance. *The Antitrust Bulletin, 51* (1), 77-110.

Kahaner, L. (1996). *Competitive intelligence.* Nueva York: Simon & Schuster.

Keams, G. S. y Lederer, A. L. (2003). A resource-based view of strategic IT alignment: How knowledge sharing creates competitive advantage. *Decision Sciences, 34* (1), 1-29.

Kulkarni, U., Ravindran, S. y Freeze, R. (2006). A knowledge management success model: Theoretical development and empirical validation. *Journal of Management Information Systems, 23* (3), 309-347.

Lemelin, D. (2006, diciembre). Enterprise business VoIP, IP VPN, and convergence adoption. In-Stat, SKUs: IN0603115SB, IN0603131MT and IN0603139EM. http://www.instat.com/abstract.asp?id=312&SKU=IN0603139EM

Lichtenberg, F. (1995). The output contributions of computer equipment and personnel: A firm-level analysis. *Journal of Economic Innovation and New Technology, 3,* 201-207.

Loveman, G. W. (1994). An assessment of the productivity impact of IT. En Allen and M.S. Morton (Eds) *Information technology and the corporation of the 1990s* (pp. ??). Nueva York: Oxford University Press.

MacLaghant, C. (1998). The spirit of systems integration. Recuperado el 10 de octubre de 2005 de: http://www.unisys.no.

Markus, L. (2000). Paradigm shifts: e-business and business/systems integration. *Communications of the Association for Information Systems, 4* (10), 1-44.

Marques, D., Garrigos, F. y Devece, C. (2006). The effects of innovation on intellectual capital: An empirical evaluation in the biotechnology and telecommunications industries. *International Journal of Innovation Management, VOLUMEN* (10) 89-112.

Mendoza, L., Perez, M. y Griman, A. (2006). Critical success factors for managing systems. *Integration Information Systems Management,* 56-75.

Pijpers, G. y Montfort, K. (2006). An investigation of factors that influence senior executives to accept innovations in information technology. *International Journal of Management, 23* (1), 11-23.

Porter, M. (1980). Competitive strategy: techniques for analyzing industries and competitors. New York: Simon and Schuster.

Prahalad, C. K. (1998). Managing discontinuities: The emerging challenges. *Research Technology Management Journal,* 14-22.

Reich, B. H. y Benbasat, I. (2000). Factors that influence the social dimension of alignment between business and IT objectives. *MIS Quarterly, 24* (1), 81-113.

Roach, S. (1987). America's technology dilemma: A profile of the information economy (Special economic study). CIUDAD: Morgan Stanley.

Roberts, E. y Fusfeld, A. (1982). *Career issues in human resource management.* Englewood Cliffs, NJ: Prentice-Hall.

Sabherwal, R. y Kearns, G. (2007). Strategic alignment between business and information technology: a knowledge-based view of behaviors, outcome, and consequences. *Journal of Management Information Systems, 23* (3), 129-162.

Schmidt, J. (2000). Enabling next-generation enterprises. *EAI Journal, 2* (7), 74-80. Recuperado el 10 de octubre de 2005 de: http://www.bjournal.com

Schumpeter, J. (1934). *The theory of economic development.* Boston, MA: Harvard University Press.

Schumpeter, J. (1942). *Capitalism, socialism, and democracy.* Nueva York: Harper.

Sutcliffe, K. N. (1994). What executives notice: Accurate perceptions in top management teams. *Academy of Management Journal, 37* (5), 1360-78.

Tellis, G. J. y Golder, P. N. (2001). *Will and vision. How latecomers grow to dominate markets.* Nueva York: McGraw Hill.

Vanhaverbeke, W. y Peeters, N. (2005). Embracing innovation as strategy: corporate venturing, competence building and corporate strategy making. *Creativity & Innovation Management Journal, 14* (3), pp. 246-257.

Von Kanel, J. (2006). Technology trends and their possible implications on the financial services industry. *Economic Papers* (Edición especial), 80-87.

Wen, J. y Shih, S. (2006). Strategic information technology prioritization. *Journal of Computer Information Systems*, 54-63.

Whitworth, B., Fjermestad, J. y Mahinda, E. (2006). The web of system performance. *Communications of the ACM, 49*, (5), 93-99.

Yoffie, D. B. (1997). *Competing in the age of digital convergence*. Boston, MA: Harvard Business School Press.

Zahra, S., Ireland, D. y Hitt, M. (2000). International expansion by new venture firms: internal diversity, mode of entry, technological learning and performance. *Academy of Management Journal, 43* (5), 925-950.

Capítulo 5

El papel de la regulación y la normatividad en la convergencia digital

Tal como se describió en el Capítulo 1, las Tecnologías de la Información y las Comunicaciones constituyen una herramienta poderosa que la sociedad puede emplear para afectar el quehacer humano del siglo XXI. Su impacto revolucionario incide en la manera en que la gente vive, aprende y trabaja, así como la forma en la que los gobiernos, empresas y ciudadanos interactúan entre sí (The Ministry of Foreign Affaire of Japan, s.f).

El desarrollo que las TIC han experimentado a nivel mundial ha sido edificado sobre una red de múltiples actores que día a día interactúan entre sí y que requieren de un entorno colaborativo que logre armonizar y direccionar el rumbo del sector. Esta ineludible interacción multidisciplinaria propone un escenario complejo y difícil de controlar. Dentro de este turbulento entorno, la regulación emerge como un instrumento clave de los gobiernos para coordinar dicha interacción, con el fin de propiciar un ambiente de equidad, respeto y seguridad entre proveedores y consumidores, para lograr con ello fortalecer e impulsar el sano desarrollo de las TIC.

El Diccionario de la Real Academia Española (2000), define el término *Regulación* como la acción y el efecto de *regular*.

"*Regular* (Del lat. Reguláre).

1. Tr. Medir, ajustar o computar una cosa por comparación o deducción.
2. Tr. Ajustar, reglar o poner en orden una cosa.

3. Tr. Determinar las reglas o normas a que debe ajustarse una persona o cosa."

De igual forma, define el término Normalizar de la siguiente manera:

"Normalizar.

1. Tr. Regularizar o poner en orden lo que no lo estaba.
2. Hacer que una cosa sea normal.
3. Tipificar, ajustar a un tipo, modelo o norma."

La regulación de las TIC se enfoca principalmente a la generación y el establecimiento de leyes, reglamentos y medidas que buscan evitar la concentración de los mercados en segmentos reducidos (monopolios y duopolios). Así mismo, tiene por objetivo garantizar la seguridad de la información, controlar los contenidos y, en general, proteger los derechos de usuarios, proveedores y operadores de las TIC.

La normatividad, por su parte, es una disciplina que beneficia a los diferentes sectores económicos de un país, y en particular a los consumidores, facilitando la interacción entre los sectores productivos y los usuarios, mediante el desarrollo de estándares que fomenten la calidad y seguridad en productos y servicios. La normatividad establece también la creación de disposiciones técnicas de uso común para organizaciones y empresas, con lo cual se contribuye a la libre circulación y compatibilidad de productos.

De forma general, se puede considerar que la diferencia central entre regulación y normatividad radica en que la primera se orienta a la generación de un entorno sano y competitivo que coadyuve al desarrollo de las TIC; mientras que la segunda está dedicada a generar normas y estándares con base en la demanda de la industria y sus consumidores. Estas dos disciplinas en conjunto, constituyen el marco regulatorio y normativo de un país o región.

Por lo tanto, la regulación y la normatividad se consideran actividades que establecen disposiciones de uso común; que buscan bienestar, trabajo armónico y mejoramiento en los sectores privado y público. Estas actividades implican procesos de formulación, publicación e implantación de normas y estándares que apoyan la convivencia, la interacción y las aplicaciones de sistemas, equipos y procesos, de una manera integral y eficiente. Por ello, el papel de la regulación y la normatividad de las TIC debe enfocarse en proporcionar un marco legal actualizado y claro. Ese marco estará dirigido a promover un entorno favorable en el que las nuevas tecnologías puedan florecer y asegurar, al mismo tiempo, la protección adecuada de objetivos de interés público, como la autenticidad de información, el comercio electrónico seguro y eficiente, los derechos de propiedad intelectual, la protección de los datos personales, la interferencia entre sistemas que utilizan el espectro electromagnético, la prevención de la protección al consumidor y la seguridad nacional, entre otros (Olachea, 2007).

El impacto de la regulación y la normatividad se puede ver reflejado en la sociedad en diferentes aspectos, por ejemplo, en el aumento de la productividad del sector económico, el crecimiento de la inversión privada, la protección a los consumidores, la generación de empleo y una mayor captación de recursos fiscales por parte del sector gubernamental. Toda esta *cadena*, propiciada por la regulación y la normatividad de un país, contribuye al mejoramiento del nivel de competitividad del mismo y al impulso de sus procesos de innovación.

La regulación y la normatividad emplean principios tecnológicos, económicos y legales que tienen un gran impacto en el comportamiento del mercado y la sociedad. Por tal razón, es importante para los profesionales de las TIC, poder conocer e identificar el papel fundamental que juegan los procesos regulatorios y normativos en el avance, la adopción y el sano desarrollo de las mismas.

De acuerdo con lo anterior, también es importante que los involucrados en el sector de las TIC, consideren la regulación y la normatividad como componentes que, además de fomentar la innovación a partir de aspectos puramente tecnológicos, también tienen una función clave, ligadas a las necesidades socioeconómicas del país y al avance y fortalecimiento del sector.

Las políticas regulatorias y normativas dan forma, estructura y además definen la conducta de las empresas ante el gobierno y la sociedad. Las empresas que contribuyen al desarrollo de estándares, no sólo logran ventajas respecto a la competencia, sino también aumentan el valor económico de sus acciones. Los gobiernos, por su parte, proveen el marco institucional que fundamenta la regulación y normatividad del sector.

Un marco regulatorio y normativo eficiente que habilite el avance al fortalecimiento y la interacción de todos los involucrados en el desarrollo de las TIC, tiene un impacto benéfico en el nivel de competitividad de un país; por ejemplo, los países que han ocupado, durante los años más recientes los primeros lugares en competitividad, muestran indicadores que señalan la existencia de un marco regulatorio y normativo sólido y dinámico (Foro Económico Mundial, 2008) (ver Tabla 6).

Tabla 6. Índice de competitividad global 2008 y comparación 2007-2008

Country/Economy	Rank	Score	GCI 2008-2009 rank (among 2007 countries)	GCI 2007-2008 rank
United States	1	5.74	1	1
Switzerland	2	5.61	2	2
Denmark	3	5.58	3	3
Sweden	4	5.53	4	4
Singapore	5	5.53	5	7
Finland	6	5.50	6	6
Chile	28	4.72	28	26
Mexico	60	4.23	59	52
Brazil	64	4.13	63	72

Cabe mencionar que los aspectos regulatorios y normativos son fundamentales en industrias que trabajan con base en redes, tales como las telecomunicaciones, la Informática, las aerolíneas, la electricidad, la banca, las tiendas departamentales y otros negocios. El conocimiento regulatorio y normativo para una empresa es crucial y tiene un efecto importante de gastos, imagen corporativa y administración de los riesgos, entre otros. Visto de otra manera, la regulación y la normatividad constituyen un contrato formal y explícito, entre gobierno, empresa y sociedad.

En general, las estrategias regulatorias y normativas han sido del dominio de abogados y técnicos especializados en la materia; sin embargo, en muchos casos esta responsabilidad recae en capital humano que requiere de una capacitación multidisciplinaria con el fin de obtener una visión integral del papel de la regulación y la normatividad, y su efecto en el desempeño de una empresa, un país y en general de la sociedad. Es importante por lo tanto, generar y proporcionar conocimiento básico e integral sobre los aspectos regulatorios y normativos de las TIC, para que todo profesional de este campo pueda insertarse con mayor éxito en el sector, entendiendo la naturaleza de la convergencia digital, sus efectos y tendencias en el mercado, la sociedad y el gobierno.

Regulación y brecha digital

Los constantes avances tecnológicos han dotado a la humanidad de infinidad de herramientas capaces de generar infraestructuras que favorecen la democratización de las TIC. Sin embargo, esto no ha sido suficiente; por el contrario, en muchos casos, no utilizar y aprovechar de manera adecuada, integral y sustentable estos avances ha inhibido el potencial de las TIC y la convergencia digital para contribuir a la reducción de disparidades socioeconómicas.

Evidentemente, dar lugar al surgimiento y al impulso de la convergencia digital requiere de la generación y aplicación de políticas públicas que tomen en cuenta la dinámica de los mercados, la condición socioeconómica de la población y una visión integral de desarrollo sustentable. Por otro lado, el fenómeno denominado como *brecha digital*, no sólo es de naturaleza tecnológica, sino también de desarrollo humano, de entendimiento de procesos de adopción tecnológica y entornos culturales (Serrano y Martínez, 2008).

¿Qué es la brecha digital?

La brecha digital se puede entender como la desigualdad existente entre personas, comunidades, ciudades, estados o países, en lo referente al acceso y la utilización de las TIC como parte de su vida cotidiana (Serrano y Martínez, 2008). Es decir, es el trayecto que hay que recorrer para pasar de la inequidad actual sobre el uso de las TIC, a la democratización de las mismas.

Democratización o Universalización de las TIC: Es la idea de poner las TIC y sus múltiples aplicaciones al alcance de la población mundial. De esta idea se derivan dos términos importantes:

Acceso Universal (AU): Hacer llegar las TIC a todas las comunidades sin importar sus condiciones geográficas, políticas o socioeconómicas. Ejemplo: Implantación de telecentros en comunidades remotas (Intvent, Oliver y Sepúlveda, 2000, 6-1).

Servicio Universal (SU): Facilitar a cada individuo el acceso a las TIC, esto sin importar su condición socioeconómica o cultural. Ejemplo: Establecimiento de esquemas tarifarios accesibles (Intvent, Oliver y Sepúlveda, 2000, 6-1).

Actualmente, el Banco Mundial considera que la brecha digital está siendo fuertemente sustentada por dos factores: *la brecha de eficiencia del mercado* y *la brecha de acceso a las* TIC (Dussán, 2006). Ambos factores pueden ser inhibidos a través de la formulación de políticas públicas que actúen en distintas direcciones. Por un lado tenemos que, para reducir la *brecha de eficiencia del mercado* la regulación debe buscar propiciar un ambiente de competencia sano y equitativo, a través de diferentes medidas, tales como: la reestructuración del marco regulatorio, la redefinición del rol del gobierno como órgano regulador y no como operador de servicios, el fortalecimiento de las entidades reguladoras, la apertura de los mercados, entre otras. Mientras que la *brecha de acceso*, puede ser reducida mediante políticas públicas enfocadas al desarrollo de infraestructura para las zonas más aisladas (Dussán, 2006).

Para aprovechar integralmente la convergencia digital se hace indispensable reducir la brecha digital, en particular la relacionada con el acceso de la denominada *banda ancha*, para así acceder a servicios, procesos y productos relacionados con las TIC, con gran potencial de aplicación al desarrollo sustentable de los países. Con la llegada de tecnología de banda ancha, la telefonía celular y los nuevos esquemas de prepago y "el que llama paga", el proceso de democratización de las TIC, en los países en vías de desarrollo y, en general en el mundo, ha logrado avanzar considerablemente. Prueba de ello, son los índices de penetración y distribución de usuarios de servicios, tales como la telefonía móvil celular, los servicios llamados de tercera generación (*3G*) e Internet de banda ancha (ver Figuras 6 y 7).

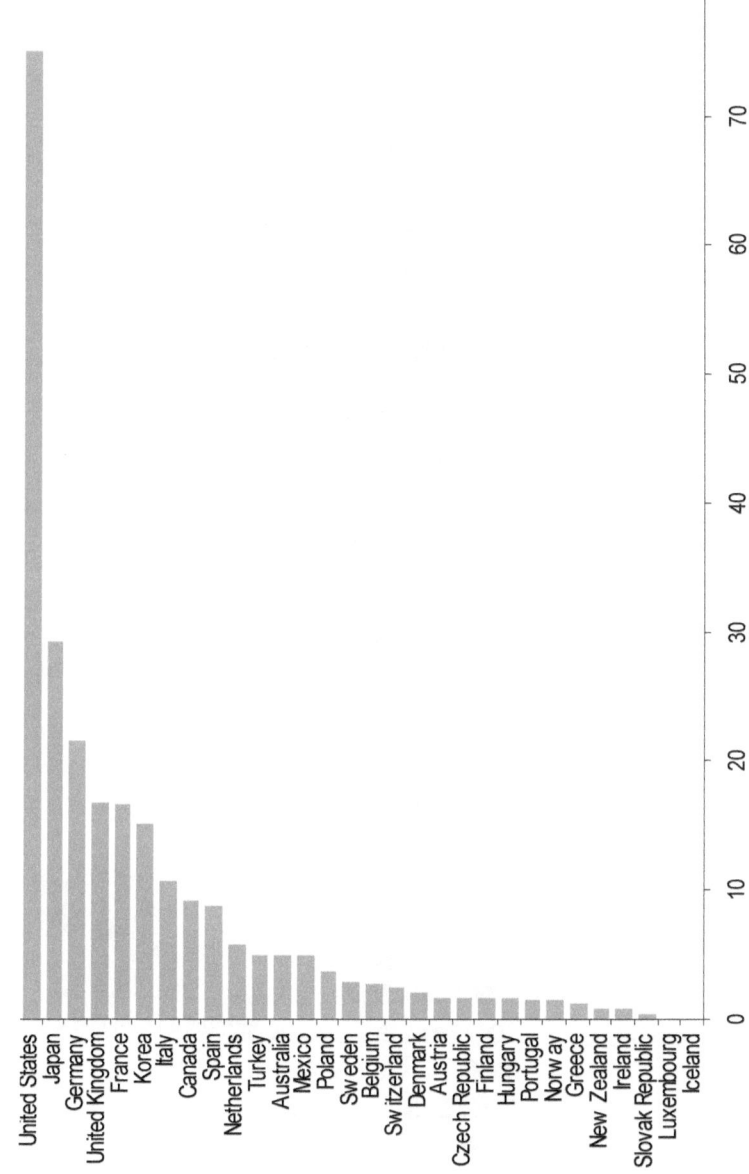

Figura 6. Millones de suscriptores de banda ancha, por país en junio de 2008 (OECD, 2008).

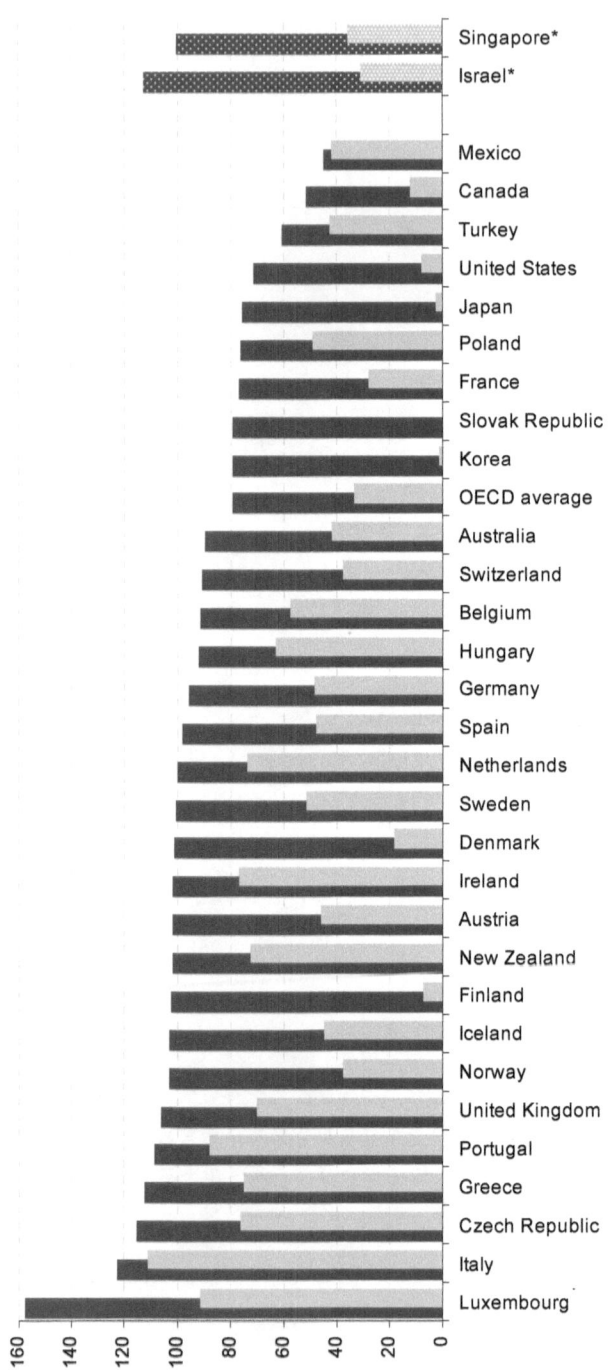

Figura 7. Número de suscriptores móviles y de prepago por cada 100 habitantes, por país al 2005 (OECD, 2008).

Regulación y su importancia para el sector de las TIC y el surgimiento de la convergencia digital

Aun cuando nos referimos frecuentemente a las TIC como una industria o un sector, éstas constituyen un sistema dinámico y complejo, y al igual que cualquier otro sistema, ya sea de tipo tecnológico, político, económico, social e incluso biológico, requiere de leyes, normas y reglas que armonicen su comportamiento e interacción con su entorno. Es precisamente en este punto, donde la regulación hace su aparición, al intervenir en la formulación, el establecimiento, la supervisión y la ejecución de dichas reglas o normas. Éstas tienen el propósito de contribuir a la generación de un escenario sano y promotor del pleno desarrollo de las TIC, con base en un entorno de pensamiento y acción convergente.

Con el surgimiento de la convergencia digital, las estructuras regulatorias de los países enfrentan múltiples retos en su paso hacia el desarrollo armónico del sector TIC. Entre ellos destacan dos desafíos esenciales; por un lado, la velocidad de cambio que presentan los avances tecnológicos y la dinámica de los mercados, respecto a la evolución del marco regulatorio, distan en gran medida. Dadas estas condiciones, el desarrollo y aprovechamiento de la convergencia digital requieren de un marco regulatorio sólido, dinámico y a la vez flexible, con capital humano capaz de predecir el ritmo y la dirección de su entorno; todo ello con el fin de amortiguar el impacto producido por la constante innovación tecnológica y por el dinamismo de la nueva economía global (Dussán, 2006). Por otro lado, uno de los retos clave que enfrenta la regulación es el hecho de direccionar principalmente sus esfuerzos y funciones hacia el logro de la reducción de la brecha digital, el fomento de la sana competencia del mercado, la protección de los derechos de usuarios, proveedores y operadores, y garantizar la seguridad e integridad de la información.

Las funciones mencionadas podrían alcanzarse mediante líneas de acción que incluyan medidas como:

- Fortalecer los órganos reguladores.
- Reestructurar los marcos jurídicos de acuerdo con la dinámica de la convergencia digital.
- Promover la liberalización y privatización de los mercados.
- Crear políticas públicas enfocadas a la aplicación de las TIC, al desarrollo sustentable y al bienestar de la sociedad.
- Establecer reglas de interconexión, interoperabilidad y portabilidad.

- Administrar recursos (como espectro radioeléctrico y redes de telecomunicaciones).

En el caso de las telecomunicaciones muchos países han reestructurado su marco regulatorio como parte de una reforma económica, esto debido al nuevo papel que esta industria desempeña dentro de la nueva economía global.

Anteriormente, las telecomunicaciones eran vistas únicamente como un servicio social o como una herramienta para hacer negocios; es decir, se percibían como una consecuencia del desarrollo económico de una región. Sin embargo, actualmente muchos gobiernos han podido notar que las telecomunicaciones son una fuente económica de alto valor y, más que consecuencia del desarrollo económico, representan un fuerte impulsor del mismo, cuyos resultados eficaces se encuentran estrechamente ligados al direccionamiento de los esfuerzos de los órganos reguladores (Melody, 1995).

El papel de la normatividad y su importancia para el sector de las TIC y el surgimiento de la convergencia digital

La normatividad es una disciplina que beneficia a los diferentes sectores económicos de un país, en particular a los consumidores. Igualmente, facilita la interacción entre los sectores productivos y los usuarios, al promover estándares que fomentan la calidad y seguridad en productos y servicios. La normatividad establece también la creación de disposiciones técnicas de uso común para organizaciones y empresas, y contribuye a la libre circulación de productos. Este hecho propicia la competitividad entre las empresas y la comparación entre productos, con el fin de hacerlos compatibles. La aplicación de la normatividad en un marco regulatorio proporciona mejoras para la adaptación de productos, servicios y procesos de calidad.

El proceso normativo implica formulación, publicación e implementación de normas. Éstas se basan en un consenso de los sectores económicos. La cooperación de los sectores público y privado es fundamental para el desarrollo de normas para las TIC, que se adapten a las necesidades y demandas de las empresas en la nueva economía.

Las normas desarrolladas dentro del proceso normativo benefician a fabricantes de productos, prestadores de servicios y consumidores o usuarios, ya que promueven la calidad de los servicios y productos, y facilitan el diseño y la fabricación de los mismos.

En el proceso de aprobación de normas participan varias entidades normativas de un país, las cuales se encargan de la revisión de éstas. Estas entidades buscan que las normas propuestas garanticen calidad y seguridad al consumidor, y faciliten el comercio regional e internacional, para mejorar la competitividad de las empresas e intensificar la competencia entre las mismas.

La normatividad va más allá de sólo un proceso legislativo. Las normas forman parte del sistema de mercado y tienen un papel importante en el enriquecimiento de un país. Como se mencionó anteriormente, las normas efectivas tienden a aumentar la competencia y reducir costos de producción y comercialización, lo que beneficia directamente a la economía. Además, las normas garantizan la interoperabilidad de las empresas, su calidad, y facilitan información importante para ellas.

El diseño de mecanismos regulatorios y normas para promover la competencia y controlar las actividades monopólicas, tiene un impacto benéfico en los sistemas nacionales y regionales de innovación. Uno de los principales intereses de las entidades normativas es contribuir al aumento de la competitividad de los países en los mercados nacionales e internacionales. Esto, a su vez, facilita el intercambio de bienes y servicios entre países con normas compatibles, lo que conlleva a una cooperación en el desarrollo intelectual, científico, técnico y económico. La actividad fundamental de estas entidades es generar normas con base en los estándares que por consenso elaboran fabricantes, proveedores de servicios u otros.

Además del cumplimiento de las normas que se encuentran establecidas, las empresas obtienen ventajas al certificar sus productos o servicios, como la garantía de que éstos están desarrollados conforme a la protección del consumidor o usuario, o a las normas de otros países a los cuales se desea exportarlos. En el caso de los consumidores, las normas establecen niveles de calidad en los diferentes productos y servicios, con lo cual pueden recibir información de sus características y operación segura.

Entidades involucradas en la normatividad de las TIC a nivel mundial

Tres de las entidades más importantes, a nivel mundial, involucradas en la normatividad de las TIC son: la Unión Internacional de Telecomunicaciones, el Instituto de Ingenieros en Electricidad y Electrónica y la Organización Internacional de Estándares.

Unión Internacional de Telecomunicaciones

Los orígenes de la Unión Internacional de Telecomunicaciones (UIT) se remontan al 17 de mayo de 1865, cuando 20 Estados fundadores firmaron en París el primer Convenio Telegráfico Internacional, con lo que crearon la Unión Telegráfica Internacional. Después de varios eventos relacionados con la invención del teléfono y las comunicaciones inalámbricas, se vio la necesidad de establecer un organismo internacional que apoyara el avance de las telecomunicaciones en el mundo. En 1934 se estableció la UIT que, a la fecha, forma parte de la Organización de las Naciones Unidas (ONU) y la cual juega un papel fundamental en la elaboración de recomendaciones internacionales para el desarrollo de normas y estándares de las TIC.

La UIT se ha consolidado como una organización imparcial e internacional en que los gobiernos y el sector privado pueden trabajar juntos para coordinar la explotación de redes y servicios de telecomunicaciones. A través de ella promueven el desarrollo de las TIC y, así, contribuyen a la difusión, la adopción y el desarrollo de la convergencia digital.

Las actividades de normalización de la UIT han ayudado a promover la expansión de nuevas tecnologías como la telefonía móvil e Internet. Al mismo tiempo la UIT sigue realizando su labor de gestión del espectro de frecuencias radioeléctricas, gracias a la cual los sistemas de radiocomunicaciones, como los teléfonos celulares, los aparatos de radio-búsqueda, los sistemas aéreos y de navegación marítima, los sistemas de comunicaciones por satélite y los de radiodifusión sonora y de televisión, continúan funcionando sin interrupción y proporcionan servicios inalámbricos fiables a los usuarios. Cada vez es más importante el papel de la UIT en el proceso de formación de asociaciones para el desarrollo entre gobiernos y el sector privado; gracias a ésta, la infraestructura de telecomunicaciones de las economías en desarrollo está mejorando rápidamente. Tanto en lo que respecta al desarrollo de las telecomunicaciones como a la elaboración de normas o a la compartición del espectro, la filosofía de consenso de la UIT ayuda a los gobiernos y a la industria de las telecomunicaciones a afrontar y tratar una gran cantidad de asuntos que serían difíciles de resolver a nivel bilateral. El resultado de ello son acuerdos reales y viables que no sólo benefician al sector de las TIC en su totalidad, sino también, y en última instancia, a los usuarios de telecomunicaciones de todo el mundo.

Instituto de Ingenieros en Electricidad y Electrónica

El Instituto de Ingenieros en Electricidad y Electrónica (IEEE, por sus siglas en inglés), fue formado en 1963 por la fusión del Instituto de Ingenieros en Radio (Institute of Radio Engineers, IRE) fundado en 1912 y el Instituto Americano de Ingenieros en Electricidad (American Institute of Electrical Engineers, AIEE), fundado en 1884. Esta fusión comenzó a partir de un gran crecimiento en la tecnología eléctrica, como por ejemplo: Europa y América fueron conectados por cable bajo el agua, se contaba con numerosas empresas de manufactura para equipo eléctrico y el teléfono crecía con gran importancia. Esto llevó a que 25 de los ingenieros eléctricos, los más prominentes de América, incluyendo a Thomas Edison, Eliu Thomson y Edwin Houston, hicieran un llamado para la formación de una sociedad que promoviera su disciplina. Como resultado, el 13 de mayo de 1884 nació la AIEE en Nueva York, la cual ganó rápidamente el reconocimiento como representante de los ingenieros eléctricos norteamericanos. Sus intereses iniciales fueron, las comunicaciones por cable, sistemas de luz y energía.

Durante sus tres primeras décadas, la AIEE enfrentó y resolvió los retos de su crecimiento, pero en 1912 los intereses y las necesidades de aquellas personas especializadas en el campo del radio ya no estaban satisfechas. Esto llevó a que dos grandes organizaciones locales, la Sociedad Inalámbrica (Society of Wireless) y el Instituto de Ingenieros de Telegrafía Inalámbrica (Telegraph Engineers and Wireless Institute), se fusionaran para formar una sociedad internacional para científicos e ingenieros dedicados al desarrollo de comunicaciones inalámbricas, el IRE. Muchos de los miembros originales del IRE eran miembros de AIEE; estas dos organizaciones mantuvieron esos miembros en común hasta su fusión, al crearse el IEEE el 1 de enero de 1963.

Desde sus inicios, el IEEE ha desarrollado teoría y aplicación de la electrotecnología y de sus ramas afines; ha servido como catalizador para la innovación de tecnología y soporte de las necesidades, a través de una gran variedad de programas y servicios. Este instituto tiene la visión de avanzar en la prosperidad global, con el fomento de la innovación en la tecnología, y el apoyo a sus miembros para realizar estudios y promoviéndose por todo el mundo. El IEEE fomenta el proceso de ingeniería: crear, desarrollar, integrar, compartir y aplicar el conocimiento sobre la electrónica, y las tecnologías y ciencias de la información para el beneficio de la humanidad.

El IEEE es una organización no lucrativa internacional para el desarrollo de la tecnología relacionada con la electricidad. Es la organización técnica profesional más grande del mundo (en número de miembros), con más de 36,000 en 175 países. La constitución del IEEE define los propósitos de la organización como "científicos y educativos, dirigidos hacia el desarrollo de la teoría y la práctica de lo eléctrico, la electrónica, las comunicaciones y la ingeniería en computación, así como la informática, a ramas afines de la ingeniería y las ciencias relacionadas" (IEEE, 2007).

El IEEE contribuye actualmente a la formulación de los estándares más importantes de las comunicaciones inalámbricas y alámbricas para aplicaciones locales personales y de cobertura regional como son las llamadas tecnologías de la familia Wi-Fi (802.11) y Wi-Max (802.16) (IEEE, 2007).

Organización Internacional de Estándares

La estandarización internacional comenzó en el campo electrotécnico con la Comisión Internacional de Electrotécnica (International Electrotechnical Comision o IEC), establecida en 1906. Así mismo, en 1926, nació la Federación Internacional de Asociaciones de Estandarización (International Federation of the Standardizing Associations o ISA), cuyas actividades finalizaron en 1942. Posteriormente, en 1946, delegados gubernamentales de 25 países se reunieron en Londres y decidieron crear una nueva organización internacional, la cual tuvo como objeto "facilitar la coordinación internacional y unificación de los estándares industriales" (Wikipedia, 2009). La nueva organización, la ISO, comenzó a operar oficialmente el 23 de febrero de 1947.

ISO es el mayor desarrollador de estándares del mundo. Aunque la principal actividad de ISO es el desarrollo de estándares técnicos, éstos también tienen repercusiones importantes en el aspecto económico y social. Los estándares de ISO hacen una diferencia positiva, no sólo para ingenieros y fabricantes o para quienes solucionan problemas en producción y distribución, sino también para la sociedad en su totalidad.

La ISO es una red de institutos nacionales de estándares para 151 países, con un miembro por país. Su secretaría central se encuentra en Ginebra, Suiza, desde donde se coordina todo el sistema.

La ISO es una organización no gubernamental. Sus miembros son, al igual que en el caso de la Organización de Naciones Unidas, las delegaciones de gobiernos nacionales. Por otro lado, la ISO ocupa una posición especial entre los sectores públicos y privados, debido a que muchos de sus institutos son parte de la estructura gubernamental de sus países. Otros miembros son parte únicamente del sector privado, establecidos por sociedades nacionales conformadas por asociaciones de la industria.

Acuerdos y plataformas técnico/operativas para la convergencia digital

Los estándares internacionales que ISO desarrolla son muy útiles para negociar con organizaciones industriales y negocios; gobiernos y otras entidades regulatorias; con surtidores y clientes de productos y de servicios, en sectores públicos y privados. Cabe mencionar la existencia de otras instancias y modelos que ayudan a coordinar procesos complejos normativos y de certificación, que involucran el desarrollo de proyectos relacionados con los sistemas de información.

Para lograr la adopción de la convergencia digital se requieren plataformas operativas que garanticen el flujo eficiente de información, así como su seguridad e integridad. Por tal motivo, es importante reconocer aquellos factores que hacen posible la interacción y convivencia de diferentes tecnologías y proveedores. Así pues, los organismos reguladores han considerado los aspectos de interoperabilidad, interconexión y portabilidad numérica, como elementos clave en el logro de la convergencia digital. Las características de tales elementos se describen brevemente a continuación.

Interoperabilidad

La interoperabilidad es la capacidad de dos o más redes, sistemas, dispositivos, aplicaciones o componentes para intercambiar información entre ellos y hacer uso de ella, independientemente de la tecnología que soporte su almacenamiento, procesamiento o distribución. Los beneficios asociados a la interoperabilidad se perciben tanto por los usuarios como por la industria. Los primeros ven incrementada su satisfacción al poder usar los servicios de forma independiente de plataformas, redes o sistemas, y al evitarse problemas de compatibilidad e integración todo ello de forma transparente para ellos. Por su parte, la industria dispone de un marco de desarrollo de productos y servicios mucho más claro, que se traduce en: 1) una mejor integración de todos los participantes en la cadena de valor asociada a cada mercado, 2) la posibilidad de generar sinergias entre agentes, y 3) un crecimiento de las oportunidades que genera la innovación (European Information, Communications and Consumer Electronics Technology Industry Associations [EICTA], 2004).

Es importante tomar en cuenta que para alcanzar adopción eficiente de la convergencia digital en todos los sectores, es necesario el uso de normas y estándares que habiliten una interoperabilidad entre sistemas, equipos y plataformas tecnológicas, con el fin de apoyar aplicaciones asociadas a las necesidades de los grupos demandantes. En este contexto, la regulación y la normatividad conforman un binomio que da soporte al surgimiento y la eventual diseminación de la convergencia digital en la sociedad.

Interconectividad

En el contexto de las TIC, la interconectividad puede concebirse como el establecimiento de comunicación entre dos o más sistemas, redes o dispositivos. Un ejemplo típico de interconexión es el modelo de referencia OSI (*open systems interconnection*). En este modelo se definen siete capas diferentes para que dos o más redes puedan interconectarse de forma abierta, con base en estándares. De esta manera, los sistemas pueden comunicarse utilizando interfaces y protocolos que ambos sistemas entienden (Miller, 1991).

Los aspectos de interconexión de redes son de vital importancia para que la convergencia florezca, debido a que redes de naturaleza diferente van a interoperar para otorgar servicios integrados. Así, los factores involucrados en los costos de interconexión de dichas redes, constituyen elementos clave para la negociación entre diferentes concesionarios. Por ello, es importante que los órganos reguladores participen en la armonización del entorno competitivo para lograr que la adopción de la convergencia digital sea transparente y de beneficio al usuario.

Portabilidad numérica

La portabilidad es un esquema en el cual los usuarios pueden mantener su número telefónico, de línea fija o celular (móvil), independientemente del proveedor que contraten. En este esquema, cada vez que el usuario desea cambiar de proveedor, puede "llevarse" su número telefónico cuantas veces lo desee.

Los países que han implantado recientemente la portabilidad numérica han utilizado un esquema cuyo método de consulta es una base de datos centralizada, conocido como *all call query*.

Bajo esta alternativa, cuando se recibe una solicitud de un abonado para hacer una llamada a otro, el sistema de *enrutamiento* de llamadas del proveedor origen, deberá primero hacer una consulta a una base de datos para verificar si el abonado al que se quiere contactar sigue con el mismo operador o ha transferido su número a un operador diferente. Como resultado de la consulta, el operador que origina la llamada *enrutará* ésta hacia el operador al que está suscrito el abonado destino, para *entregarle*, así, la llamada correspondiente.

En un entorno donde la portabilidad numérica está establecida y su funcionamiento es eficiente, se generan oportunidades aprovechables por el consumidor, en cuanto a costo y calidad de servicio. Esto da lugar a una adopción más ágil y expedita de la convergencia digital.

La introducción de la interoperabilidad, la interconexión y la portabilidad se ha dado de manera heterogénea en diferentes regiones del mundo, esto dependiendo del marco regulatorio existente. Por otro lado, la globalización tendrá un efecto en el que los acuerdos de convergencia digital a nivel regional facilitarán su evolución y adopción. La participación de la regulación y la normatividad se convierten entonces en un elemento modelador de las TIC y su convergencia a nivel mundial.

Referencias

Dussán, J. (2006). Contribución de la regulación al crecimiento de la telefonía móvil en América Latina. Recuperado el 12 de septiembre de 2008 de:
http://www.dirsi.net/files/finals/070216-dussan.pdf

European Information, Communications and Consumer Electronics Technology Industry Associations. (2004). *Interoperability* (Reporte técnico). Recuperado el 23 de octubre de 2008, de:
http://www.eicta.org/fileadmin/user_upload/document/document1166548285.pdf

Foro Económico Mundial. (2008). *Reporte de competitividad global 2008-2009.* Recuperado el 1 de febrero de 2009 de:
http://www.weforum.org/pdf/gcr/2008/rankings.pdf

IEEE. (2007). *About IEEE.* Recuperado el 27 de abril de 2009 de:
http://ieee.org/web/aboutus/home/index.html

Intvent, H., Oliver, J. y Sepúlveda, E. (2000). *Manual de reglamentación de las telecomunicaciones.* Washington, DC: Banco Mundial.

Melody, W. (1995). Role of regulation. En B. Mody, J. Bauer y J. Straubhaar (Eds.), *Telecommunications politics: Ownership and control of the information highway in developing countries* (pp. 249-260). NJ: Lawrence Erlbaum.

Miller, M. (1991). *Internetworking.* Redwood City,CA: M&T Books.

OECD (2008). *OECD Key ICT Indicators.* Recuperado el 27 de abril de 2009 de:
www.oecd.org/sti/ICTindicators

Olachea, A. (2007). *Regulación y normatividad de las tecnologías de información y comunicaciones.* Tesis de licenciatura no publicada, Facultad de Ciencias, Universidad Autónoma de Baja California, Ensenada, Baja California, México.

Real Academia Española. (2000). *Diccionario de la lengua española.* Madrid: Espasa.

Serrano, A. y Martínez, E. (2008). *La brecha digital: mitos y realidades.* Mexicali, Baja California, México: Universidad Autónoma de Baja California.

The Ministry of Foreign Affaires of Japan. (s.f.). *Okinawa Charter on Global Information Society.* Recuperado el 6 de julio de 2008, de:
http://www.mofa.go.ip/policy/economy/summit/2000/pdfs/charter.pdf

www.wikipedia.org (s.f.). *Organización Internacional para la Estandarización.* Recuperado el 27 de noviembre de 2009 de:
http://es.wikipedia.org/wiki/Organizaci%C3%B3n_Internacional_para_la_Estandarizaci%C3%B3n

Conclusiones

El fenómeno de *convergencia global* no ha sido privativo de los entornos tecnológicos. Los aspectos de integración de servicios y el trabajo colaborativo e interdisciplinario impulsado por Internet permean en diferentes disciplinas del quehacer humano. Su impacto se manifiesta en las nuevas estrategias integradas de mercadotecnia y publicidad, en el enfoque de las empresas con fines de lucro y sin fines de lucro (asociaciones civiles u organizaciones no gubernamentales); en la conformación de una ciencia pertinente más que sólo básica o aplicada; en la visión combinada global y local, y hasta en los aspectos religiosos donde un ecumenismo coherente permite observar la base común espiritual y fundamental de las religiones más importantes del mundo.

En diferentes campos del conocimiento se observan disciplinas que anteriormente poseían enfoques paralelos; una tendencia hacia un camino común: un camino convergente. Ante esta circunstancia, surge la pregunta: ¿Qué hay más allá de la globalización, la apertura de las economías, el trabajo colaborativo y la digitalización que impulsa la conformación de un entorno donde la cooperación está siendo más importante que la competencia?

Un importante segmento de la sociedad se ha percatado del efecto combinado de las cuatro fuerzas anteriores, las cuales le permiten tener una visión para entender mejor la realidad actual y aprovechar ese efecto en beneficio de sus metas. Dentro de este segmento se encuentran ejemplos en la arquitectura, música, gastronomía, tecnología y otras expresiones humanas. Tal es el caso de Santiago Calatrava y Zaha Hadid en la arquitectura, quienes con un pensamiento convergente combinan arte, ingeniería, diseño y anatomía en sus creaciones. Otro es el caso del colectivo Nortec de Tijuana, Baja California, que combina la música electrónica con música regional del norte de México; también está el caso del chef español Ferrán Adriá, quien combina el arte culinario con el método científico, convirtiendo sus platillos en diseños de vanguardia. En el aspecto tecnológico las compañías Nokia y Apple, por mencionar algunas, han entendido y aprovechado la convergencia global, para penetrar exitosamente en las necesidades y los gustos del consumidor, tal es el caso del prototipo NokiaMorph y de los ya famosos iPhone y iPod.

El avance hacia una convergencia global integradora enfrenta inhibidores, los cuales constituyen barreras que preservan dominios exclusivos. Dentro de éstos destacan: los monopolios económicos, la propiedad industrial exacerbada, las brechas digitales y de innovación que acrecentan la diferencia entre países y regiones pobres y ricas. Por otro lado, la sociedad se enfrenta al peligro de fundamentalismos y visiones extremas y distorsionadas sobre los temas de cultura libre, globalización, preservación del ambiente y otros de interés mundial que requerirán de enfoques y estrategias equilibradas para lograr un beneficio social sustantivo.

En esta etapa del camino hacia la convergencia global, no sólo es importante lo que sabemos, sino también estar *conectados*, ya que ahora la información y el conocimiento están distribuidos. Es decir, el conocimiento aislado no tiene contribución significativa para la sociedad. Debido a ello, la conectividad a Internet se convierte en un elemento crucial de acceso a la información y a la economía mundial. La inteligencia, los valores humanos y las capacidades del Homo Sapiens deben ser aprovechadas por el *Homo Conexus* (James Fallows, 2006) y así contribuir al desarrollo sustentable del planeta.

Uno de los objetivos de esta obra ha sido motivar a la reflexión sobre los desafíos y las oportunidades que los fenómenos de la digitalización y la convergencia global ofrecen en beneficio de un desarrollo humano integral. Además, se enfatiza la importancia de dar a conocer los efectos y las implicaciones del surgimiento de un escenario convergente en todos los ámbitos del quehacer humano. Igualmente, con esta obra se intenta fomentar en estudiantes, académicos, empresarios, funcionarios públicos y sociedad en general, una visión, un pensamiento y una actitud colaborativa e integradora; así como una ética que incida en mejorar las condiciones socioeconómicas y culturales de la población.

Para lograr los objetivos anteriores se diseñó esta obra, considerando temas fundamentales que se presentan en cada uno de los capítulos. Es importante remarcar que los aspectos tecnológicos de la convergencia constituyen una plataforma sobre la cual actúan elementos clave, que nos llevaron a abarcar aspectos de tipo regulatorio, normativo, corporativo y sociocultural. Nosotros mismos, como autores, nos vimos en la necesidad

124

de avanzar más allá del contexto tecnológico, y con una actitud de aprendizaje, enfrentar el reto de reconocer y descubrir la naturaleza y los efectos interdisciplinarios involucrados en la digitalización y convergencia global.

Esta obra es el resultado de un proceso dinámico y evolutivo que requirió y seguirá requiriendo una continua reflexión respecto a los agentes que contribuyen y caracterizan un entorno global, altamente complejo e interconectado. Esa reflexión nos condujo a replantear nuestra visión del papel de la tecnología como un vehículo, y no como un fin, para alcanzar mejores niveles de prosperidad humana.

Referencias

Fallows, J. (2006). Homo Conexus. *The Atlantic*. July-August 2006. Consultado el 27 de abril de 2009 de:
http://jamesfallows.theatlantic.com/archives/2006/07/article_in_julyaugust_2006_te c.php#more

Acerca de los autores

Dr. Arturo Serrano Santoyo

Nació en la Ciudad de México en 1951. Obtuvo el grado de Doctor en Ciencias en Ingeniería Eléctrica en 1980 en el Centro de Investigación y Estudios Avanzados (CINVESTAV). En 1981 recibió el Premio Nacional de Electrónica y Telecomunicaciones de la empresa ALCATEL y en 1985 el Premio de Telecomunicaciones de ERICSON, ambos por sus contribuciones al desarrollo de las telecomunicaciones en México y Latinoamérica. El Dr. Serrano es autor del libro, Las Telecomunicaciones en Latinoamérica: Retos y Perspectivas publicado por Prentice-Hall y coautor de la Brecha Digital: Mitos y Realidades, editado por el Fondo Editorial de Baja California. Actualmente es investigador en el Centro de Investigación Científica y de Educación Superior de Ensenada (CICESE) y catedrático en la Universidad Autónoma de Baja California (UABC).

MTIC. Mayer R. Cabrera Flores

Es Ingeniero en Electrónica por la Universidad Autónoma de Baja California (UABC) (2005) y Maestro en Tecnologías de la Información y la Comunicación con especialidad en Gestión y Comercialización Tecnológica, por la misma Institución (2009). Desde el año 2006 ha participado en diversos proyectos de investigación, ha publicado trabajos en actas de congresos y ha sido becario del Sistema Nacional de Investigadores (SNI), del Centro de Investigación Científica y de Educación Superior de Ensenada (CICESE) y del Instituto de Investigación y Desarrollo Educativo (IIDE). Actualmente se desempeña como Profesor de Asignatura en la Universidad Interamericana para el Desarrollo (UNID), es Editor Asistente de la Revista Electrónica de Investigación Educativa (REDIE) y presta servicios de manera independiente en proyectos relacionadas a la gestión estratégica de tecnologías y a la regulación y normatividad de las Tele-comunicaciones.

M.C. Evelio Martínez Martínez

Es egresado de la tercera generación (1987-1991) de Licenciados en Ciencias Computacionales (LCC) de la Facultad de Ciencias de la Universidad Autónoma de Baja California (UABC). En 2001 realizó estudios de Maestría en Telecomunicaciones y Redes de Información en la Fundación Teleddes, A.C. Desde 1992 se desempeña como docente en la Facultad de Ciencias en la carrera de LCC. También ha participado como consultor de empresas de la iniciativa privada donde colaboró en diversos proyectos. Como académico ha participado en diversos Congresos, Simposiums y Foros Internacionales como ponente y proyectos de Investigación. Desde 1998 es colaborador de la revista RED (www.red.com.mx) en artículos de divulgación en el área de telecomunicaciones y redes, también ha colaborado en artículos de telecomunicaciones en la Revista NET@. Es co-autor del Libro "La brecha digital: Mitos y realidades" publicado por la Editorial UABC en diciembre de 2003. Es miembro del Colegio de Profesionales en Tecnologías de la información de Baja California, A.C.

Dr. Julio A. Garibay Ruiz

El Dr. Garibay radica en San Diego, CA. E.U.A. desde 1994, donde se desempeña como consultor de Tecnología en IBM Corp., como Profesor de Maestría en Administración de Empresas en Coleman University y como CEO en la compañía GLOSTRAL Consultants. En 2008 recibió su grado de Doctor en Administración de Empresas de "Marshall Goldsmith School of Management, Alliant International University" y en 1999 el grado de Maestría en Ciencias en Sistemas de Telecomunicaciones de "School of Engineering and Technology, National University", ambos en San Diego, CA., así como el grado de Licenciado en Ciencias Computacionales de la Facultad de Ciencias de la UABC en Ensenada, B.C. en 1992. El Dr. Garibay es autor del libro "Information Technology Convergence, Innovation Management and Firm Performance". Desde 1990, el Dr. Garibay ha consultado, supervisado e implementado proyectos estratégicos y tecnológicos en varios países trabajando para las compañías Praxis Telecom, IDM y AT&T.

Esta obra se terminó de editar el día 18 de enero de 2010
en Ensenada, Baja California, México.